# 아이의
# 자존감을 키우는
# 천사의 말습관

WILLSTYLE

## 시작하며

"저만 육아에 서툴고 모자란 것 같아요."

"이렇게 최선을 다하고 있는데도 아무도 알아주지 않아요."

"아이는 사랑하지만 육아가 너무 힘들고 외롭습니다."

육아 고민은 사람마다 다릅니다.

하지만 공통점도 있어요. 그중 하나는 아이를 위해서 무언가를 '해주고 싶다'라는 마음이 무척 강하다는 것입니다. 제대로 키우고 싶다, 더 많은 가능성을 열어주고 싶다 — 이런 마음으로 여러 권의 육아서를 읽고 관련 정보를 인터넷으로 검색해봅니다. 하지만 정보를 모으면 모을수록 혼란이 가중되고 더 고민된다는 분들이 적지 않습니다.

저도 그랬습니다. MRO호쿠리쿠 방송에서 아나운서로 일하며 결혼했고 아들을 얻었습니다. 산전휴가 중에는 육아서를 닥치는 대로 읽으며 태교에 좋다는 것은 대부분 시도해보았어요. 태어날 아이를 위해서 음식도 상당히 가려서 먹었고요. 또 출산

후에는 육아잡지를 정기구독하면서 아이의 상태와 성장 등을 세심하게 체크하였습니다.

그런데 생후 4개월쯤부터 아이의 성장 상황이 잡지에서 말하는 "표준"과 다르다는 것을 확인하고 걱정이 시작되었습니다.

예를 들어 잡지 등에는 'O개월이 되면 뒤집기를 할 수 있다' 'O개월에 기어 다니기 시작한다'라고 쓰여있지만 실제로는 아이마다 다릅니다.

지금 생각하면 우리 아이는 기지 않고 바로 걷는 아이였는데, 당시의 저는 표준대로 성장하지 않는다는 것이 너무나 불안해서 견딜 수가 없었습니다. '아이를 완벽하게 키우고 싶다'라는 욕심 때문이었던 것 같습니다.

'내 아이가 정상이 아닌 걸까? 아니면 내가 키우는 방법이 잘못된 것일까?'라고 고민하며 조급한 마음으로 더 많은 정보를 모으고 저 나름대로 다양하게 시도해보았지만 '이것이다!' 하는 답은 찾을 수 없었습니다.

그런 상태로 업무에 복귀하고 집안일과 육아의 양립으로 몸부림치던 때, 우연히 엄마가 배우는 커뮤니케이션 강좌인 '마더스 코칭스쿨'을 알게 되었습니다. 그리고 육아가 고통이 된 원인을 깨닫게 되었어요.

그것은 '어디엔가 육아의 정답이 있다고 착각하고 여기저기 찾아다녔던 것'이었습니다.

저는 육아에 열심이었지만 "정답"에 꿰어맞추는 데 급급해서 눈앞의 아이를 제대로 보지 못했던 것입니다. 이것을 깨닫고 제 눈이 번쩍 뜨였습니다.

'앞으로 아이를 어떻게 키울 것인가?'를 생각하면서 프리랜서 아나운서로 독립했고, 동시에 코칭을 더 깊이 공부하여 현재는 마더스 코칭스쿨 선생님을 육성하는 '마더스 티쳐 트레이너'로도 활동하고 있습니다. 또 어린이집 및 요양시설, 기업 등에서 커뮤니케이션 연수와 인재육성 지도 및 강연을 연간 50건 이상 진행하고 있습니다.

"육아에 정답은 없다."

이것은 저도 실제 체험을 통해 깨달았습니다. 하지만 정답이 없다고 해서 뭐든지 괜찮은 것은 아니라는 것을 커뮤니케이션을 배우면서 확실히 알게 되었지요.

그 하나가 언어 선택입니다. 언어 선택법이 잘못되면 아무리 여러 번 말해도 마음이 전달되지 않습니다. 전해지기는커녕 아이가 있는 그대로의 자신을 긍정적으로 받아들이는 '자존감'을 크게 깎아내리게 됩니다(7장 참고).

아나운서로서 '말'을 직업으로 삼아 살고 있었기에 어느 정도는 자신이 있는 분야였지만, 육아에서의 언어 선택에 있어서는 시간을 되돌리고 싶은 장면이 몇 번 있습니다.

이 책에서는 부모가 무심코 하기 쉬운 말 중에서 아이의 마음에 악영향을 주는 '악마의 말습관'을 육아 에피소드와 함께 소개합니다. 덧붙여서 왜 그 말을 쓰면 안 되는지, 어떻게 바꿔서 말하면 좋을지를 코칭의 시점에서 설명합니다. 모든 에피소드는 마더스 코칭스쿨 선생님들의 실제 체험을 토대로 하였습니다.

또 적극적으로 아이에게 해주면 좋은 '천사의 말습관'도 소개합니다. '이렇게 말해주면 되겠구나'라고 꼭 참고해주시면 좋겠습니다.

평소 아이에게 하는 말에 신경을 쓰면 '아이란 존재는 이렇게 바뀔 수 있구나!'라고 실감할 수 있는 날이 분명히 옵니다. 현시점에서 특별한 고민이나 문제를 안고 있지 않더라도 아이들은 어른이 생각하는 것 이상으로 성장과 변화의 가능성을 갖고 있습니다.

동시에 어머니 자신도 '내가 아직도 이렇게 달라질 수 있구나'라고 스스로 놀랄 정도의 변화를 느끼게 됩니다.

이 책의 사례는 주로 부모와 자녀에 관한 것이지만 가족 전체의 커뮤니케이션에도 당연히 적용할 수 있습니다. 꼭 파트너와 공유하여 가족 간 커뮤니케이션의 변화를 실감하실 수 있으면 좋겠습니다.

2020년 8월

시라사키 아유미

## 1

# 말을 바꾸는 것만으로
# 육아가 이토록 즐거워진다!

# 2

## 칭찬할 때의
## 악마의 말습관·천사의 말습관

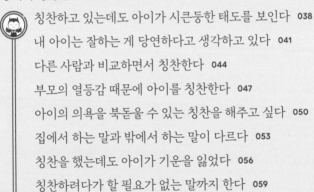

# 3

## 화낼 때의
## 악마의 말습관·천사의 말습관

# 4

## 격려할 때의
## 악마의 말습관·천사의 말습관

# 5

## 재촉할 때의
## 악마의 말습관·천사의 말습관

# 6

# 못 하게 할 때의
# 악마의 말습관·천사의 말습관

# 7

# 아이게게 건네는 말로
# 부모의 자존감도 바뀐다!

모르는 사이에
자존감에 상처를 입히는
# 악마의 말습관

 평소의 말습관을 바꾸기만 해도 아이의 마음에 더 가까이 다가갈 수 있고
부모가 보는 세계도 크게 달라집니다.
아무 생각 없이 쓰는 말이 부모와 아이의 자존감을 떨어뜨리는
악마의 말습관은 아닌지 확인해보세요.

**CASE 01**

### "3등도 대단한 거야"

라고 칭찬한다.

기분 좋을 것 같은 말이라도 상대는 어떻게 받
아들일지 모릅니다. 칭찬한다고 한 말이지만
아이의 사기를 떨어뜨릴 가능성도 있습니다.

→ 자세한 내용은 2장에서

## "제대로 해야지"라고 화낸다.

자신이 왜 화를 내고 있으며 아이가 무얼 해주기를 바라는지 제대로 전달할 수 있도록 커뮤니케이션 능력을 기르는 것이 중요합니다.

→ 자세한 내용은 3장에서

CASE 02

## "꼭 1등 하자, 화이팅!"
이라고 격려한다.

목표를 이루는 방법은 사람마다 다릅니다. 그러므로 아이에게 스트레스를 주지 않고 격려할 필요가 있습니다.

→ 자세한 내용은 4장에서

CASE 03

## "빨리빨리 좀 해!"
라고 재촉한다.

바빠도 아이가 성장하는 속도에 맞춰서 말하는
것이 중요합니다.

→ 자세한 내용은 5장에서

## "제발 적당히 좀 해!"
라고 못하게 한다.

같은 말을 반복하는 것만으로는 아이의 행동을
멈출 수 없습니다.

→ 자세한 내용은 6장에서

**1**
장

말을 바꾸는
것만으로
육아가 이토록
즐거워진다!

## 말습관으로 알 수 있는
## 나의 선입견

"잘 갔다 왔어? 오늘은 학교에서 기분 나쁜 일 없었니?"

초등학생이 된 아이가 학교에서 돌아올 때마다 저는 늘 이렇게 물었습니다.

어린이집에서 초등학교로 환경이 바뀌었기 때문에 불안했던 것 같습니다. '기분 나쁜 일은 없었나?' '따돌림을 당하는 건 아닐까?'라고 이것저것 생기지도 않은 일을 걱정했습니다.

그러자 아이는 학교에서 일어난 일을 되돌아보며 "아깐 별로 신경 안 썼는데 친구가 대답을 안 했거든요. 그게 '기분 나쁜 일'이었던 것 같아요"라는 식으로 '기분 나쁜 일'을 찾아내게 되었어요. 그런 아이의 모습을 보면서 저의 잘못된 말습관과 선입견을 깨닫게 되었지요.

저는 초등학교와 중학교에 다닐 때 실내화가 없어지는 등의 작은 괴롭힘을 몇 번인가 당했습니다. 그 일로 끙끙 앓거나 등교 거부를 하진 않았지만, 어른이 되어서도 마음속 깊은 곳에는 불쾌한 기분이 남아있었던 것 같아요. '학교는 작은 괴롭힘이 있는 장소다' '아들은 내가 느꼈던 그런 기분이 들지 않게 지켜주고 싶다'라는 강한 마음이 평소의 말습관으로 표출되어 버린 것입니다.

당신은 자신의 말습관을 몇 개쯤 말할 수 있나요?

"잠깐만"이나 "있잖아" "맞아, 맞아"와 같은 맞장구에 가까운 것까지 말습관에 포함하면 제법 될 것입니다.

제 말습관은 아들에게 자주 했던 "뭐 기분 나쁜 일 없었어?"를 시작으로 "그러다 큰일 난다" "아, 귀찮아" "잘 모르겠어" 등이 있는데, 깊이 파고들면 어느 것에나 제 선입견이 숨겨져 있었습니다.

물론 별 의미가 없는 말습관도 있고 모든 말습관에 선입견이 숨겨져 있는 것은 아닙니다. 하지만 많은 사람이 선입견이 숨겨진 말습관 몇 가지 정도는 거의 무의식적으로 사용하고 있습니다.

## 부모가 대화법을 바꾸면
## 부모와 아이가 함께 성장한다

'커뮤니케이션 기술인 코칭을 배워도 실수를 하는구나'라고 의아하게 생각하실 수 있지만 실제로는 오히려 반대입니다.

많은 사람이 자신의 실수를 좀처럼 알아차리지 못합니다. 그래서 자기도 모르게 같은 실수를 몇 번씩 반복하는 것이지요. 코칭을 배웠기 때문에 실수를 깨닫고 바로 대처할 수 있는 것입니다.

요즘은 코칭이 '리더십'이나 '포지티브 씽킹(적극적 사고)' 등과 혼동되고 있는 것 같습니다. 특히 육아에서의 코칭은 '부모가 아이를 이끌어준다' '화를 내서는 안 된다' '칭찬해도 안 된다' '어두운 얼굴을 하면 안 된다' '늘 생글생글 웃는 얼굴을 해야 한다'라는 오해가 광범위하게 퍼져 있기도 합니다.

'○○하지 않으면 안 된다' '○○하자'라는 것은 코칭과는 다른 사고방식입니다. 이런 식으로 단정 지어 버리면 우리의 사고가 정지되어 자신의 실수를 깨닫지 못하기 때문입니다.

더구나 '아이의 성적을 올리자' '명문대에 합격시키자' 등과

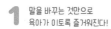

같이 부모가 원하는 대로 키우는 것은 육아의 본질에서 벗어난 것입니다.

아이를 바꾸려고 하는 것이 아니라, 부모가 아이에 대한 접근법과 대화법을 바꾸면 부모와 아이가 함께 성장하고 각자의 인생 목표에 가까워질 수 있습니다.

이것이 바로 코칭이 지향하는 바입니다.

코칭으로 부모와 아이가 함께 성장합니다.

## 우리는 육아에서도
## 정답을 찾으려 하는 것은 아닌가

"육아에 정답은 없다"라는 말을 자주 듣습니다.

하지만 우리 세대는 정답을 찾는 교육을 받았습니다. 그래서 자기도 모르게 육아에서도 정답을 찾으려고 고민하는 부모들이 많습니다.

제가 어릴 적 저희 어머니는 집에서도 편안한 옷차림을 한 적이 없고 늘 완벽한 모습으로 계셨어요.

그런 어머니를 보면서 어린 시절을 보냈기 때문에 '나도 남 보기에 좋지 않은 행동을 하면 안 된다'라고 무의식적으로 생각했던 것 같습니다. 또 장녀로서 '부모님의 기대에 부응하고 싶다'라는 책임감을 짊어지고 있었습니다.

학생 때의 저를 되돌아보면 '잘난 척하지 않는다' '자기주장을 강하게 하지 않는다' 등, 남들에게 미움받지 않기 위한 최대공약수적인 행동을 했던 것 같아요.

사회인이 된 후에도 그 연장선에서 살아갔습니다. '어떤 말과 행동을 해야 미움받지 않을까'라는 정보를 모으고 제 나름대로

육아정보를 많이 모아 봐도 정답은 찾을 수 없다

'미움받지 않기 위한 정답'을 구한 다음 행동한 것이지요.

회사 일은 그런 방식으로 잘 굴러갔지만 육아에서는 그만 막혀버리고 말았습니다.

임신 중에는 열심히 육아서를 읽으며 태교에 좋다는 것은 대부분 시도해보았고 식생활에도 신경을 많이 썼습니다.

아이가 태어난 후에도 육아잡지와 육아서적으로 공부하면서 아이의 상태와 성장 등을 세심하게 체크했어요. 그런데 생후 4개월쯤부터 '일반적인 발달'과 내 아이의 성장발달이 어긋난다는 것에 신경이 쓰이기 시작했습니다.

'○개월이 되면 뒤집기를 할 수 있다' '○개월에 기어다니기 시작한다'라고 쓰여있지만 실제로는 아이마다 다릅니다. 그러나 당시의 저는 '내 아이가 정상이 아닌 걸까? 아니면 내가 키우는 방법이 잘못된 것일까?'라고 고민하며 초조한 마음으로 더 많은 정보를 모았습니다.

정답을 찾으려고 책을 읽고 인터넷 검색을 하던 중, 엄마를 위한 커뮤니케이션 강좌를 듣게 되었습니다. 시험 삼아 온라인으로 강좌를 들어 보았지만 오히려 제 안에 더 큰 답답함이 남았습니다.

저는 강좌에서 제 고민에 대한 답을 알려주길 바랐습니다. 그런데 정답을 알려주기는커녕 '이런 상황에서 당신은 어떤 말을 하나요?'라는 질문을 받은 것입니다. 내심 '어? 알려주는 게 아니었어?'하며 놀랐습니다.

강좌를 수강한 후 당시 4살이던 아이에게 어떤 식으로 말을 해야 좋을지 더욱 알 수 없게 된 저는 마음이 너무 답답했습니다. 나의 정답은 무엇일까, 그것을 꼭 알고 싶어서 코칭을 좀 더 배워보기로 했습니다.

## ✿ ✿ ✿
## 육아의 답은
## 관찰에서부터 시작한다

지금 생각하면 고민하던 시절의 저는 편하게 정답을 얻으려고 했던 것 같습니다. 조바심을 느끼고 힘들었지만 공부하거나 현명한 누군가에게 물어보면 답이나 조언을 얻을 수 있을 거라고 생각해서 이전의 행동패턴을 전혀 바꾸지 않았거든요.

아이와 나 자신을 차분히 관찰한 다음 내 머리로 생각해서 답을 찾기보다는 같은 행동패턴을 반복하는 것이 훨씬 쉽습니다.

'정답 찾기'라는 사회가 깔아놓은 레일을 타고 달려왔던 제 인생이 아이가 태어난 후부터는 앞으로 나아갈 수 없게 되었습니다.

다른 사람이 깔아준 레일을 타 보았지만 금방 막혀버렸기 때문에 계속 다른 레일을 찾아 헤맸고, '이렇게 노력하는데 왜 제대로 안 되는 거야'라는 생각에 실망이 컸던 것이지요.

나를 위한 레일은 스스로 생각하고 내 손을 부지런히 움직여서 조금씩 깔아나가야 한다는 것을 깨닫게 해준 것이 코칭이었습니다.

그 후 제 머리로 생각해야 할 것은 늘어났지만 육아 때문에 괴로워지거나 강한 불안을 느끼는 시간은 상당히 줄었습니다. 지금의 아이와 저의 모습을 찬찬히 관찰한다는 행위가 저희 모자만의 축을 세우게 해주었습니다.

❀ ❀ ❀

## 있는 그대로의
## 내 아이를 보자

'육아 스트레스로 자꾸 짜증이 나서 정말 괴롭다. 이런 나는 엄마 자격이 없는 것 같다'고 고민하는 엄마들이 적지 않습니다. 그 이유는 매스컴이나 인터넷 등 넘치는 정보에 휘둘려서 있는 그대로의 아이의 모습을 놓치고 있기 때문이 아닐까요?

그곳은 아주 시끌벅적하고 다양한 것들로 차고 넘치지만 몹시 외로운 공간. 엄마가 보고 있는 세계에 내 아이는 없는 것입니다. 그래서 그 세계를 보고 있는 한, 외로움에서 시작된 불안과 짜증이 밀려오는 것입니다.

제가 엄마들에게 전하고 싶은 것은 '당신의 아이만을 보면 됩

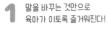

당신의 아이만을 보면 됩니다.

니다'라는 것입니다.

이를 위한 구체적인 방법 중 하나가 무심코 쓰는 말을 바꾸는 것입니다. 평소의 말습관을 바꾸는 것만으로 엄마가 보는 세계가 크게 달라집니다. 인간은 언어를 사용해서 생각하고 무엇을 어떻게 받아들일지를 판단하는 동물이기 때문입니다.

예를 들어 "그건 무리야"라는 말이 반사적으로 튀어나오는 사람은 부정적인 세계를, "말도 안 돼"라는 말이 나오는 사람은 통념에 얽매인 세계를 보는 경향이 있습니다.

이러한 말은 사고 정지를 초래하거나 자존감을 깎아내리기 때문에 '악마의 말습관'이라고 부릅니다.

지금, 당신이 보고 있는 세계를 바꾸는 첫걸음은 악마의 말습관을 알아차리는 것.

제가 저희 아이에게 물었던 "학교에서 기분 나쁜 일 없었니?"라는 말도 악마의 말습관에 해당하는 말이었습니다. '학교는 괴롭힘을 당하는 장소다'라는 제 선입견이 드러날 뿐만 아니라 아들에게 '나는 괴롭힘을 당할 만한 존재일지도 몰라'라는 불안감을 심어주었기 때문입니다.

저는 아들을 위해서 하는 말이라고 생각했지만, 사실은 아들이 괴롭힘을 당하면 내 마음이 다시 상처받을까 봐 두려웠는지도 모릅니다. 그런 마음에서 나온 악마의 말습관으로 아들의 자존감을 깎아내리고 불안에 빠지게 할 뻔했던 것입니다.

있는 그대로의 자신을 긍정적으로 받아들이는 자존감은 코칭에 있어서 중요한 감각이자 사고방식이기도 합니다.

다만, 자존감을 포지티브 씽킹(적극적 사고)으로 착각하는 경우도 적지 않습니다. 자존감과 포지티브 씽킹과의 차이점에 대해서는 7장에서 자세히 설명합니다. 꼭 읽고 아이와 엄마 자신의 자존감에 대해서 확인해보시기 바랍니다.


✿ ✿ ✿

# 무의식적으로 쓰게 되는 악마의 말습관

엄마들이 자기도 모르게 무의식적으로 쓰기 쉬운 "할 수 있잖아!" "제대로 해야지" "힘내!" "빨리빨리 좀 해라!" "그건 안 돼!" 등은 대표적인 악마의 말습관입니다.

이런 악마의 말습관을 깨닫고 줄이려고 조심하는 것만으로도 아이는 학교와 사회 속에서 자기 나름대로 살아갈 수 있는 힘을 길러 나갑니다.

그 힘은 식물로 예를 든다면 뿌리에 해당합니다. 흙 속에 뿌리가 제대로 뻗어있다면 잎이 다소 시들거나 줄기가 꺾여도 식물은 튼튼하게 자라서 결국엔 꽃을 피워냅니다. 반대로 물과 영양이 과잉되거나 난폭하게 다뤄서 뿌리가 상하면 바람만 살짝 불어도 줄기가 뚝 부러지고 꽃을 피우지 못합니다.

아이의 자연스러운 성장을 돕고 싶다면 자존감을 길러주는 '천사의 말습관'을 의식적으로 사용해보세요. 그리고 그 천사의 말습관을 참고하여 내 아이와 나에게 딱 맞는 말을 찾아내면 좋겠습니다.

다음 장부터 '칭찬한다' '화낸다' '격려한다' '재촉한다' '못하게 한다'라는 상황별로 '악마의 말습관'과 '천사의 말습관'을 소개하겠습니다.

**2**

장

칭찬할 때의
악마의 말습관
천사의 말습관

## 상대의 상황을 보면서
## 칭찬한다

육아 전문가의 주장 중에는 '칭찬하면서 키우자'라는 것도 있고, '칭찬하면 아이를 망친다'라는 것도 있습니다. 양쪽 모두 그 나름의 이론을 갖고 주장하기 때문에 어떤 것을 받아들여야 할지 몰라 당황하는 분도 많지 않을까요?

코칭에서는 '칭찬해주세요' '칭찬하면 안 됩니다'의 어느 쪽도 강요하지 않습니다. '좋고 나쁨을 단정하지 않는다'는 것이 대전제이기 때문입니다. 단, '이런 식의 칭찬법은 아이에게 전해지지 않습니다'라는 커뮤니케이션의 포인트는 몇 가지 있으므로 그 일부를 소개합니다.

### 기분을 맞추려고
### 무의식적으로 칭찬하는 경우

"엄마 이것 좀 보세요!"라는 아이의 말에 "대단한데!" "오, 멋지다"와 같은 반사적인 대답을 할 때가 있지 않나요? 특히 식사 준비 등으로 시간에 쫓길 때는 엄마도 여유가 없기 때문에 순간을 넘기기 위해 비위를 맞추는 말을 하기 쉽습니다.

어른들끼리도 분위기를 맞추기 위해서 또는 상대를 추켜세워 주고 싶을 때 "대단하시네요" "와, 정말 멋져요" 등 약간 과장해서 빈말을 할 때가 있는데 이와 비슷합니다.

성인 간의 다소의 빈말은 서로 승인한 상태에서 대화가 성립 되지만, 아이의 경우에는 조금 다릅니다. 본질을 동반하지 않은 칭찬의 말은 아이에게 전해지기는커녕 잠재적으로 '나를 소중하 게 생각하지 않는다'라는 느낌을 주게 될 가능성조차 있습니다.


## 아이를 컨트롤하기 위한 수단으로
## 칭찬을 이용하는 경우


'어른이 원하는 행동'을 했을 때에만 "아우 착해라!" "진짜 잘 했어" 등의 칭찬을 하며 원하는 대로 컨트롤하려는 경우입니 다. 실은 무의식적으로 이러한 칭찬법을 사용하는 경우가 많습 니다.

부모는 '정말 잘했기 때문에 칭찬했다'고 생각할지 모르지만, 그 속에 강한 선입견과 단정이 숨어 있을지도 모릅니다. 정도가 지나치면 아이가 부모의 기대에 부응하고자 자신을 억누르게 되어 자율성의 상실로까지 이어집니다.

'이것을 하는 아이는 정말 착한 아이인가? 하지 않는 아이는 착한 아이가 아닌가?'라고 객관적으로 보는 것이 중요합니다.

Case
01

# 칭찬하고 있는데도
# 아이가 시큰둥한 태도를 보인다

5살 하윤이는 오늘도 엄마와 함께 쇼핑 중입니다. 그런데 그다지 즐거워 보이지 않네요.

엄마가 "어떤 게 맘에 들어?"라고 물어봐도 "아무거나 괜찮아요. 그냥 엄마가 정해."

"이 옷 너무 귀엽지?"라고 물어도 "음, 그런 것 같아요"라고 시큰둥하게 대답합니다.

그런 하윤이를 보며 '어? 자기 옷을 사는데 왜 관심이 하나도 없지? 왜 저럴까?'라고 엄마는 조금 걱정이 됩니다. 엄마는 어떤 말을 했을까요?

이거 귀엽다! 이걸로 하자.

잘 골랐네!

엄마는 하윤이에게 "어떤 게 맘에 들어?"라고 물어보지만 최종적으로는 "너한텐 핑크가 어울리니까 이걸로 하자"며 늘 자기 생각을 강요했습니다.

이때 '귀엽다' '잘 어울려'와 같은 칭찬의 말을 아무리 하더라도 아이의 마음에는 진심으로 와닿지 않습니다. 아이는 '내 의견 같은 건 어차피 상관없다'라고 포기해버리는 것입니다.

하윤이에게 "어떤 게 맘에 들어?"라고 물어보긴 하지만 결국은 엄마 마음대로 결정된다는 것을 계속 경험했으니까요.

또한 엄마의 말은 어쩌면 '귀여운 것은 네가 아니라 옷'이라는 느낌을 주었는지도 모릅니다. 이렇게 되면 칭찬은 고사하고 '나 같은 건 아무것도 아니야'라고 생각하게 만들 가능성도 있습니다.

아이가 스스로 골랐다면 먼저 "잘 골랐네!"라고 칭찬해주세요. 어린이집에 입고 가는 옷처럼 디자인 등에 제한이 있는 경우라면 미리 아이에게 이야기해두세요. 그러면 고른 다음에 지적할 필요가 없습니다. 이런 것들이 쌓여 '자신의 선택'에 자신감을 갖게 됩니다.

Case
02

# 내 아이는 잘하는 게
# 당연하다고 생각하고 있다

Situation

지원이의 엄마는 초등학교 교사입니다. 지원이가 시험에서 100점을 받을 수 있도록 집에서 효율적으로 공부를 지도하고 있습니다. 성실하게 공부하는 지원이를 보며 "우리 아이라면 할 수 있어!"라고 믿어 의심치 않습니다.

처음에는 90점대에도 함께 기뻐했지만, 차츰 100점이 아니면 '왜 100점을 받지 못했지?' '우리 아이는 충분히 할 수 있어'라는 마음이 강하게 들기 시작했습니다.

그 후, 지원이가 100점짜리 시험지를 가지고 올 때면 항상 "너라면 100점이 당연하지!"라고 칭찬하고 있어요.

너라면 잘하는 게 당연하지!

잘 이해하고 있구나!

'너는 잘하는 아이니까 이 정도는 당연하지'라는 엄마의 마음은 잘 알 것 같습니다. '마음만 먹으면 잘하는 아이'라는 표현도 이와 비슷합니다. 언뜻 들으면 자녀를 높이 평가하는 표현처럼 들리지만 이런 말습관이 아이에게 전달하는 것은 '잘할 수 있는 아이가 잘하지 못했다면 그건 너의 노력이 부족했다는 증거야!'라는 메시지입니다. '잘하는 게 당연, 노력하는 게 당연, 못하는 것은 잘못이다!'라고 아이를 계속 몰아붙이고 있는지도 모릅니다.

지원이의 엄마는 "100점이 되려면 ○점이 모자라네"라는 시점에서 시험지를 보고 있었습니다. 하지만 조금만 시점을 바꾸면 받은 점수가 몇십 점이나 되는 것입니다.

우선은 "잘 이해하고 있구나"라고 잘한 부분을 인정해주세요. 그것을 말로 아이에게 전하면 아이도 '이만큼 해냈다!'라고 자신의 성과를 실감할 수 있을 것입니다. 그것이 자신감으로 이어지고 다시 의욕으로 연결됩니다.

# 다른 사람과
# 비교하면서 칭찬한다

"너는 손이 많이 안 가"와 "거기에 비하면 너희 오빠는 진짜 힘들어"가 서연이 엄마의 말습관.

초등학교 6학년인 서연이는 엄마가 보기에도 무척 성숙한 아이입니다. 어릴 때부터 말하지 않아도 자기 일은 스스로 알아서 했고 정리정돈도 완벽합니다. 엄마를 성가시게 하거나 힘들게 하는 일도 거의 없습니다.

그에 비해 2살 위인 오빠는 아직도 엄마가 말하지 않으면 자기 일을 하지 않고 방은 늘 어질러져 있습니다. 엄마는 늘 서연이에게 "오빠는 엄마를 힘들게만 하는데 너는 손이 안 가서 참 편해"라고 밝은 얼굴로 말하곤 합니다.

 너는 손이 많이 안 가서 참 편해.

 정리를 참 잘하네.

엄마는 서연이를 칭찬하려고 하는 말이겠지만 저에게는 잔인하게 들립니다. 엄마가 오빠에 대한 끝없는 푸념을 늘어놓는 동시에 '너는 그렇게 하지 말라'고 압박하고 있으니까요.

　서연이는 틀림없이 '제대로 하지 않으면' '완벽하게 하지 못하면 엄마에게 미움을 받게 된다'라는 부담감을 갖고 있을 것입니다.

　"자꾸 형제자매와 비교하게 된다"며 고민하는 어머니들의 상담을 무척 많이 받았는데, 이것은 인간의 감정으로 어쩔 수 없다고 생각합니다. 하지만 이를 노골적으로 드러내는 것은 부모로서 바람직한 행동이 아닙니다. 서연이에게 손이 많이 안 가는 것은 오빠와는 관계가 없습니다. 서연이가 자기 주변을 정리하는 것을 좋아하고 소질이 있는 건 '애초에 오빠와 특성이 다르기 때문이다'라고 받아들여야 합니다.

　비교하면서 칭찬하지 말고, 서연이만을 보고 "정리를 참 잘하네"와 같이 그 아이가 가진 장점을 이야기해주세요.

# Case 04

# 부모의 열등감 때문에
# 아이를 칭찬한다

민서의 엄마는 민서가 어렸을 때부터 "우리집이 돈이 많지 않아 네가 하고 싶은 걸 다 못 해줘서 미안하다. 너처럼 착하고 똑똑한 딸이 있다는 게 엄마의 자랑이야"라고 늘 말했습니다.

초등학교 내내 우등생이었고 6학년 중에서도 성적이 최상위권인 민서. 엄마는 항상 "너는 착하고 똑똑한 자랑스러운 딸"이라며 칭찬합니다.

반에서 누군가가 문제를 일으켰을 때도 어머니는 "그 아이는 못쓰겠구나. 걔에 비하면 민서 너는 정말 착하고 똑똑하다니까"라고 말했습니다.

 너는 착하고 똑똑한 엄마의 자랑이야!

 너는 무엇보다 소중한 보물이야!

엄마 본인의 콤플렉스나 열등감을 무의식적으로 아이를 통해 채우려고 하는 사례를 많이 보았습니다. '내 아이는 부모보다 높은 학력을 갖게 하고 싶다'며 교육에 과도하게 집착하는 것도 이런 사례 중 흔한 것입니다.

민서의 어머니는 '우등생의 엄마'라는 것에서 자신의 가치를 확인했는지도 모릅니다. 하지만 결과적으로 '엄마는 그다지 행복하지 않은 것 같아' '내가 늘 우등생인 착한 아이로 살아야 엄마를 행복하게 해줄 수 있어'라는 생각을 민서의 어린 마음에 심어주게 됩니다.

어린이집 등 부모 대상 강연에서 제가 늘 말씀드리는 것이 있습니다. 아이와 엄마의 자존감은 "＝" 관계라는 것입니다. 아무리 말로 민서를 계속 칭찬하더라도 엄마의 열등감이 그대로라면 두 사람의 자존감은 자라지 않습니다.

엄마의 행복이 아이의 성적으로 결정되는 것은 아니잖아요. "너의 존재 자체가 나의 행복이란다"라고 아이에게 전해질 수 있는 말을 골라보세요.

Case
05

# 아이의 의욕을 북돋울 수 있는
# 칭찬을 해주고 싶다

Situation

초등학교 1학년인 지민이는 그림 그리기와 만들기를 무척 좋아합니다. 뭔가를 그리거나 만들면 항상 엄마에게 자랑하러 달려오지요. 그럴 때마다 손뼉을 치면서 "멋지네" "대단하네"라고 칭찬해주는 엄마.

하지만 이 칭찬 후에 다른 말이 이어지지는 않습니다.

현재 엄마는 어린이집 선생님으로 일하고 있습니다.

어린이집에서도 자기 작품을 보여주는 아이들에게 그저 "우와! 멋지네"라는 말만 하게 된다고 합니다.

 대단해! 멋져!

 커다란 작품이구나!

"아이의 의욕을 북돋아 주고 싶은데 어떻게 칭찬해야 좋을지 모르겠다"라는 문의가 제게 많이 도착합니다. "다양한 말로 칭찬해주고 싶은데 맨날 같은 소리만 하게 된다"는 것이 고민인 것 같아요.

'꼭 칭찬을 해줘야지!'라고 긴장을 하다 보니 말이 더 안 나오는지도 모릅니다. 먼저 보이는 그대로의 사실을 말로 표현하고, 더 가능하다면 받은 느낌을 곁들여 말한다고 생각하세요.

예를 들면 다음과 같은 느낌입니다.

보이는 사실 / 무지 큰 그림이네!
받은 느낌 / 꼭 실물을 보는 것 같은 기분이 들어.

보이는 사실 / 많이 만들었구나!
받은 느낌 / 이 색깔은 좀 특이하네.

이런 식으로 말을 걸면 아이가 "이 색깔은 하늘색이랑 오렌지색을 섞어서 만들었어요"와 같은 대답을 해주기 때문에 대화 내용이 풍성해집니다. '너의 작품이 흥미진진하다'라는 자세가 전달되면 그것이 아이에게는 칭찬하는 말로 받아들여집니다.

# 집에서 하는 말과
# 밖에서 하는 말이 다르다

예슬이는 무척 노력파입니다. 숙제로 독서감상문을 쓸 때는 몇 시간씩 몰두하며 책상에 앉아있기도 합니다. 엄마는 '힘들지 않나? 괜찮나?' 걱정이 됩니다. 그래서 예슬이에게 "그렇게 열심히 안 해도 괜찮아" "너무 무리하지 마"라고 말하곤 했어요.

하지만 엄마는 그런 예슬이를 자랑스럽게 생각하고 있었습니다. 그래서 친척들이 모인 자리에서 "예슬이는 무슨 일이든지 정말 열심히 해요'라고 자랑을 했지요. 그런데 예슬이의 얼굴을 들여다보니 그다지 기분이 좋아 보이지 않네요.

 이 아인 무슨 일이든 정말 열심히 해요.

 어제 3시간을 집중했어요.

무의식중에 하는 말로 아이를 혼란스럽게 하는 어른이 적지 않습니다. 예슬이의 엄마는 그 전형적인 예. 집 안과 밖, 가족과 그 이외의 사람 앞에서 전혀 다른 말을 하는 것이지요.

어머니는 '너는 자랑스러운 아이'라고 예슬이를 칭찬하는 마음이었겠지만 예슬이는 '왜 집에서와 다르게 말할까?' '평소의 엄마 말과 달리 사실은 노력하지 않으면 인정받지 못 하는 게 아닐까?'라는 혼란에 빠지게 됩니다.

사람들은 보통 직접 칭찬하는 것보다 다른 사람들 앞에서 칭찬해주면 더 기뻐하게 되는데, 이럴 때 자칫 평소와는 다른 표현을 쓰기 쉽습니다. 하지만 아이가 그 차이를 감지하는 것은 조금 힘든 일이지요.

그럴 때는 '실제로 한 것을 구체적인 예로 들면서 칭찬한다'라고 의식해보세요. 예슬이의 경우라면 '3시간을 집중한다' '독서감상문을 1시간에 끝냈다' 등 명확한 사실을 칭찬하는 말투로 이야기하면 오해가 생길 가능성이 줄어듭니다.

# 칭찬을 했는데도
# 아이가 기운을 잃었다

오늘은 초등학교 마라톤대회.

운동신경이 뛰어난 민준이는 연습경기에서는 계속 1등이었어요. 하지만 대회 당일의 결과는 3등에 그쳤지요.

집에 돌아온 민준이에게 대회 결과를 들은 엄마는 내심 '어머, 3등밖에 못했구나' 하고 놀랐지만 '1등이 아니면 어때, 3등도 대단한 거야'라며 웃는 얼굴로 말해주었습니다.

그러나 민준이는 '네'라고 작게 대답하더니 자기 방에 들어가 버리네요.

3등도 대단한 거야.

목표를 향해 열심히 노력했구나.

엄마와 민준이의 마음을 모두 이해할 수 있을 것 같습니다.

아이가 목표를 달성하지 못해 침울한 표정을 하고 있으면 부모로서 걱정되는 것이 당연합니다. 그래서 빨리 아이가 기운을 되찾을 수 있게 도우려고 합니다. 다양한 격려와 칭찬으로 아이의 기분을 풀어주는 것이 부모의 역할이라고 믿기에 최선을 다하는 것입니다.

하지만 조금만 더 생각해보세요.

민준이는 지금 1등을 못 한 아쉬움을 넘어 자기 인생에서 목표에 도달하지 못한 좌절감을 처음 맛보고 있는 것일지도 모릅니다.

자식의 침울한 모습을 보는 것은 괴로운 일입니다.

하지만 그냥 "목표를 향해 열심히 노력했구나"라는 말로 목표까지의 과정을 칭찬해주세요. 그렇게 이제 막 새로운 경험을 쌓고 있는 아이의 모습을 조용히 지켜봐 주는 것도 부모의 할 일이라고 생각합니다.

Case
08

# 칭찬하려다가
# 할 필요가 없는 말까지 한다

Situation

……

거 봐, 하니까
되잖아!

곤충을 무척 좋아하는 예빈이. 이전부터 여름방학 숙제로 '장수풍뎅이를 그리자!'라고 벼르고 있습니다. 하지만 작년에는 여름방학이 끝날 무렵 정신없이 숙제를 몰아서 하느라 그리지 못했습니다. 올해는 같은 상황을 되풀이하지 않으려고 부모님과 함께 계획을 세우고 준비도 완벽하게 했습니다.

그림을 그리기로 한 날, 예빈이가 자기 주도적으로 그림을 그리기 시작하자 엄마는 무척 만족한 표정. 가만히 보고 있더니 "거봐, 하니까 되잖아. 엄마는 사실 네가 못할 줄 알았어(웃음). 그런데 하니까 되네! 여기를 조금 더 크게 그리는 게 낫지 않을까?"라고 말씀하시네요.

거 봐, 하니까 되잖아!

정말 노력 많이 했네!

칭찬하려고 한 말이지만 어머니의 본심이 먼저 드러나 버린 사례입니다. 엄마에게 악의는 없었겠지만, 아이에게 '너에게 기대하지 않았다'라는 메시지를 강하게 전달할 가능성이 있습니다.

상황은 다르지만 저도 아들에게 '오늘은 스스로 준비를 다 하고, 해가 서쪽에서 뜨겠네'라는 말을 하고 후회한 적이 있습니다. '항상 안 하니까 오늘도 당연히 안 할 것이라고 생각했다'고 말하는 것과 같은 것입니다.

아이가 엄마의 기대를 웃도는 행동을 보여주었을 때, 바로 무슨 말을 하고 싶은 기분은 알겠지만 꾹 참아보세요. 이럴 때 아이도 '평소보다 노력하고 있는 자신'을 의식하고 있습니다. 내심 '엄마가 보고 있을지도 몰라…'라는 생각을 하면서 행동을 시작하는 아이도 있을 것입니다.

우선은 약간 떨어진 자리에서 지켜봐 주세요. 그리고 거의 끝나갈 즈음에 다가가서 '엄마가 계속 보고 있었어. 정말 노력 많이 했네!'라고 그림에 대한 평가가 아닌 매진한 자세 그 자체를 칭찬해주세요.

# 당신의 말습관 워크시트

**Q** 더욱 힘내고 싶을 때 자신에게 어떤 말을 해주는지 떠올려보세요.

**Q** 혹시 아이를 칭찬할 때 사실은 '악마의 말습관'을 쓰고 있었구나라고 느꼈다면 어떤 말습관인가요?

**Q** 만약, 그 말습관을 '천사의 말습관'으로 바꾸려면 어떻게 말하면 될까요?

**3**

장

화낼 때의
악마의 말습관
천사의 말습관

## 왜 화를 내는지
## 정확하게 전달하자

'화'는 마이너스 감정이므로 겉으로 드러내지 않는 편이 좋다고 생각하는 사람도 많을 것입니다. 그러나 화를 내서는 안 된다고 참고 또 참다가 짜증이 격화되고 스트레스가 쌓이고 있는 것은 아닌가요? 화낸 것을 후회하며 잠든 아이의 얼굴을 보면서 자신을 책망한 적은 없나요?

화를 내는 것 자체는 결코 나쁜 것이 아닙니다.

희로애락은 인간의 자연스러운 감정입니다. 그런데 '기뻐하는 것은 좋은 일이지만 화를 내는 것은 좋지 않은 것'이라고 단순하게 판단하는 것은 이상합니다. 신경을 써야 할 것은 '화낸다'는 감정 그 자체가 아니라, 감정을 전달하는 방법과 인간관계에 미치는 영향입니다.

그러므로 먼저 화낸 후에 '나는 나쁜 부모야…'라고 자신을 비난하는 것을 멈추세요. 당신에게 있어서 정당한 이유가 있었든 없었든 상관없습니다. 자신을 계속 비난하면 어른이라도 자기도 모르게 자존감이 저하되고, 이것은 아이의 자존감에도 큰

영향을 줍니다(7장 참조).

물론 상대에게 강한 영향을 미치는 것이 확실하므로 칭찬과 마찬가지로 아무것에나 화를 내도 괜찮은 것은 아닙니다.

나는 무엇 때문에 화가 나 있는가? 아이가 어떻게 해주기를 원하는가?

감정대로 말을 내뱉지 말고 이것들을 정확하게 인식하여 전달할 수 있도록 커뮤니케이션 능력을 갈고닦아 두는 것이 중요합니다.

감정적이 되면 나도 모르게 "너, 잠깐 기다려 봐" "왜 그러는데!?"와 같이 늘 같은 말을 하기 쉽습니다. 이렇게 되면 아이는 자기가 혼나는 이유를 모르기 때문에 언제까지나 언행이 바뀌지 않습니다.

저도 최근에 반성할 일이 있었습니다. 코로나 때문에 오랫동안 휴교를 했을 때, 아이가 그 스트레스로 음식을 넘기기 힘들어하는 상태가 되었습니다. 삼키지 못해서 자꾸 티슈에 뱉어버리는 것을 보고 저도 모르게 "티슈에 뱉지 마!"라고 화를 내버렸습니다. 그 후로 아들은 세면대나 주방, 마지막에는 자기 방에서 비닐봉지에 뱉어버리는 상황이 되었습니다.

저로서는 '천천히라도 좋으니까 뱉지 말고 먹었으면 좋겠다'

라는 마음이었지만, 저도 모르게 감정적인 말로 화를 내서 아들에게는 말 그대로 "티슈에 뱉지 마!"라고 밖에 전달되지 않은 것입니다.

# Case 01

## "제대로 해야지"로는
## 제대로 전달되지 않는다

오늘은 대청소하는 날. 초등학교 1학년인 서윤이가 담당한 곳은 욕실입니다.

다른 곳을 치우다 잠깐 들른 엄마는 욕실 타일을 열심히 닦고 있는 서윤이에게 "제대로 해야지"라고 합니다. 하지만 서윤이는 어떻게 하는 것이 제대로인지 모르겠습니다.

청소가 끝난 후 "욕조를 조금 더 깨끗하게 닦지"라는 엄마의 말에 '그럼 아까 말해주시지…' 하고 결국 서윤이의 불만이 터졌습니다.

제대로 해야지.

포인트는 여기!

엄마가 서윤이에게 원했던 것은 욕조를 반짝반짝 깨끗하게 닦는 것. 그래서 타일을 닦고 있는 서윤이를 보자 "제대로 좀 하지"라고 한 것입니다.

제삼자가 이 문장을 읽으면 엄마가 생각하는 '제대로'와 서윤이가 생각하는 '제대로'가 일치하지 않는다는 것을 알 수 있습니다. 하지만 당사자가 되면 의외로 알아차리지 못합니다.

"제대로 해!"가 말습관인 사람 중에는 '○○해야만 한다'라는 선입견을 여러 개 가지고 있는 분이 많습니다. '청소기는 매일 돌려야만 해' '밖에 나갈 때는 걸맞은 옷차림을 해야만 해'라는 식입니다.

무언가를 부탁할 때 "포인트는 이것!"이라고 미리 알려주면 기대에 어긋나는 것을 막을 수 있습니다. 다만 자신의 "○○해야만 한다"가 반드시 다른 사람과 동일할 수는 없다는 것을 이해하고 포인트를 1~2가지로 좁히는 것이 요령입니다.

# Case 02

# 엄마의 한숨과 침묵 때문에
# 집안 분위기가 무거워진다

지현이의 엄마는 편안한 수다나 자기 기분을 다른 사람에게 드러내는 것이 조금 서툰 편입니다. 하지만 한숨 소리만은 커서 5미터 앞까지 들릴 정도.

식사 후 설거지를 하면서 "하아~", 지현이가 정리해 놓은 빨래를 보고 "하아~", 방이 지저분해도 "하아~".

그리고 언짢은 일이 생기면 입을 꾹 닫아버리는 스타일. 엄마의 한숨 소리와 침묵으로 집안 공기는 오늘도 무겁습니다.

 하아~

 엄만 이걸 안 좋아해.

무슨 일이 있을 때마다 "하아~"하며 한숨을 쉬는 사람이 있습니다. 본인은 전혀 의식하지 못하는 것을 보면 한숨 쉬는 것이 습관으로 굳어진 것 같습니다.

한숨이나 침묵과 같은 비언어로 부정하는 방법은 상대뿐 아니라 주변 사람들의 기분까지 나쁘게 만듭니다. 기분을 말로 표현하지 않고 언짢은 모습으로 드러내면 상대방은 왜 그러는지 유추해야만 하므로 커뮤니케이션에 있어 큰 부담이 됩니다. 이것이 부모 자식 관계에서 지속되면 아이는 늘 엄마의 눈치를 살피게 되고 무던한 아이를 연기하게 될 수도 있어요.

물론 지현이 엄마는 '표현을 못 하겠으니까 말하지 않는 것이지 누구한테 알아달라는 게 아니에요'라고 생각할 수도 있습니다. 하지만 '말하지 않는다'는 것이 '악영향이 없다'는 것은 아닙니다.

그렇다고 갑자기 바뀌는 것은 어려우므로 일단은 부드러운 목소리로 말해보세요. "엄마는 설거지가 진짜 별로야"라고. 적어도 이렇게 하면 '엄마가 나 때문에 언짢은 것은 아니구나'라는 것이 아이들에게 전달되어 심리적인 부담을 주지 않게 됩니다.

Case
03

# 뜻밖의 아이의 행동에
# 놀라서 화를 내버렸다

Situation

유치원에 다니는 하나는 소꿉놀이를 무척 좋아합니다. 요리나 청소를 하는 엄마의 모습을 똑같이 재현하는 것을 보면 관찰력도 대단합니다. 엄마는 날마다 하나의 성장을 느끼고 있습니다.

어느 날, 저녁 준비를 하고 있는데 자주 사용하는 접시가 보이지 않았습니다. 여기저기 찾아 봐도 보이지 않자 혹시나 해서 하나의 놀이방에 가보았어요. 그랬더니 하나가 도자기 접시로 소꿉놀이를 하고 있는 게 아니겠어요?

깜짝 놀란 엄마는 "말도 안 돼! 지금 뭐하는 거야?"하고 자기도 모르게 언성을 높이고 말았습니다.

 말도 안 돼!

 엄마 깜짝 놀랐잖아.

깨지면 위험한 접시를 가지고 놀다니, 엄마는 가슴이 철렁했을 거예요. 동시에 바쁜 시간대에 찾아다니는 수고를 해야 했던 것에 화도 났겠지요.

하나의 입장에서는 잘 놀고 있었는데 엄마에게 갑자기 혼나서 무서웠을 것입니다. 게다가 제일 좋아하는 엄마에게 "말도 안 돼!"라는 말을 듣고 상처를 받았을지도 몰라요.

"말도 안 돼!"라는 말이 말습관인 사람은 의외로 많습니다. 어른들끼리 대화하면서 맞장구로 쓸 때도 있지 않나요? 지금까지의 경험과 생각에서 '주위 사람들에게 신뢰받는 사람이 되어야 한다'라는 마음이 강해지면 내 생각과 맞지 않을 때 나오기 쉬운 말이지요. 하지만 이것은 어른은 몰라도 아이에게는 악영향을 줄 수 있는 꽤 강한 느낌의 말이라고 생각하는 것이 좋습니다.

우선은 "엄마 깜짝 놀랐잖아"라고 기분을 전달한 다음, 이 행동이 왜 문제인지 이유를 설명해주면 아이도 충분히 이해할 수 있을 것입니다.

Case
04

# 화를 터트렸더니
# 아이가 자신감을 잃었다

Situation

왜 이런 것도
못 하는 거야?

어차피
나는 못 해요.

신이는 집에서 일주일에 한 번, 태블릿을 이용한 온라인 영어 회화 수업을 받고 있습니다. 하지만 수업에 집중하지 못해 자꾸 돌아다니고 선생님의 말씀도 전혀 듣지 않습니다. "다음은 이거야" "여기를 반복하는 거야"라고 알려주던 엄마 속은 부글부글.

수업이 끝난 후 엄마의 화가 폭발했습니다.

"왜 이런 것도 못하는 거야? 응?"

"좀 제대로 하라구!"

그러자 신이는 "어차피 나는 못 해요"라며 자신감을 완전히 잃어버렸습니다.

 왜 이런 것도 못 하는 거야?

 오늘은 이 부분을 열심히 했구나.

자신감을 잃어버린 신이의 모습에 화들짝 정신을 차린 엄마. 아이가 당연히 할 수 있으리라 믿었던 것을 하지 못하면 자신도 모르게 가시 돋친 말을 하게 됩니다.

특히 이번처럼 제삼자가 연관되면 그 사람의 눈을 의식해서 필요 이상으로 화를 내는 경우가 자주 있습니다. 학원 선생님, 아이 친구 엄마, 마트에서 등 남의 시선 때문에 화를 참을 때도 있지만 그 시선 때문에 과도하게 화를 내기도 하는 것입니다. 실제로 마트 등에서 주변의 이목을 끌 정도로 화를 내는 어머니를 가끔 볼 수 있는데 남의 일이 아닙니다.

신이 엄마는 선생님의 눈에 '아이가 차분하게 수업을 받도록 지도하지 못하는 엄마'로 보일까 봐 더 엄격하게 대처한 것 같습니다.

화를 내서 억지로 시킨 것은 습관이 될 수 없습니다. 그냥 '오늘은 그런 날이었다'라고 생각하고 '뭔가 잘한 것은 없나?'를 찾아보세요. 그리고 수업 후에 "오늘은 이 부분을 열심히 했구나"라고 해낸 것으로 시선을 돌려서 전달하다 보면 조금씩 자신감을 붙여나갈 수 있을 거에요.

# 너무 아파서
# 화를 참을 수 없었다

에너지가 넘치는 3살 로희. 날이 갈수록 장난감 놀이도 다이나믹해집니다.

어느 날, 소파에 앉아 텔레비전을 보고 있던 엄마가 날아온 나무 블록에 머리를 맞았습니다. 로희가 던진 것이었지요.

머리를 맞은 엄마는 너무 아파서 "아, 진짜!"하며 화를 내기 시작했습니다. 그리고 로희를 강하게 노려보면서 "너도 똑같은 일을 당하면 어떨 것 같아?" "이럴 때 뭐라고 말해야 할까? 응?"이라고 따져 물었어요.

위압감을 느낀 로희는 으앙하고 울음을 터뜨렸습니다.

너도 똑같은 일을 당하면 어떨 것 같아?

엄마 진짜 아팠어. 던지고 노는 건 안 돼.

이런 말습관은 3살 전후의 아이를 키우는 엄마들이 특히 많이 쓰는 것 같습니다. 아이와 조금씩 대화가 되면서 말로 훈육을 하려고 의식하는 시기입니다.

'일부러 한 것이 아니라도 상대방을 아프게 했으면 제대로 사과해야만 한다'는 것을 확실하게 알려주고 싶은 엄마의 마음이 너무 앞서서 어느 사이엔가 "죄송해요"라는 말을 하게 하는 것으로 목적이 바뀐 경우도 있습니다.

이 시기에 알려줘야 하는 것은 "죄송합니다"라는 표현보다도 '단단한 물건을 던지면 위험하다'라는 본질입니다. 저는 아들이 3살 때, 수건과 나무 블록을 이용해서 통증의 차이를 함께 체험하며 가르친 적이 있습니다.

강한 통증을 느끼면 로희 엄마처럼 자신도 모르게 반사적으로 목소리가 커지는 것이 일반적입니다. 단, 그 후에 냉정을 되찾고 "엄마 진짜 아팠어. 던지고 노는 건 안 돼"라고 지금 알려줘야 할 것을 우선시해야 합니다. 그 결과로 아이가 스스로 마음이 담긴 "죄송해요"를 말할 수 있게 된다면 더할 나위 없습니다.

# 사춘기 아이와
# 냉전 상태에 빠졌다

중학교 2학년인 하루. 그새 키가 많이 커서 어색하던 교복 차림도 자연스러워졌습니다.

그런데 외모는 성숙해졌지만 가족에 대한 태도와 말투는 점점 반항적으로 되고 있습니다.

엄마가 뭘 조금만 물어봐도 "아, 그런 걸 왜 물어봐요?"라고 대답. 엄마도 그냥 참지 않고 "너, 잠깐 기다려 봐. 말하는 태도가 왜 그래?"라고 시비조가 됩니다. 이렇게 엄마와 하루와의 대립은 계속되고 있습니다.

 너, 잠깐 기다려 봐!

 그럼, 괜찮을 때 말해 줘.

엄마에겐 아무렇지 않은 질문이라도 하루가 말하고 싶지 않은 타이밍이라면 순식간에 말싸움으로 번지게 됩니다. 바로 사춘기이기 때문입니다.

사춘기 아이를 키우는 엄마들에게 해주고 싶은 말은 "승부를 겨루지 말 것"과 "일단 기다린다는 것을 잊어버리고 기다릴 것"이라는 2가지입니다.

말싸움이 시작되면 부모는 어떻게든 논리적으로 말해서 아이를 납득시키려고 합니다. 하지만 내가 옳다는 것을 증명하는 것이 부모와 자식 간 대화의 목적은 아닙니다. 아이가 눈에 띄게 성장하는 과정에서 무슨 생각을 하고 있는지 듣는 것만으로도 우선은 OK라고 생각합시다.

"괜찮을 때 말해 줘"라고 이야기해두면 때로는 아이가 먼저 다가와 "아까 이야기 말인데요…" 하고 말을 걸기도 합니다.

다만, 아이가 말해줄 때까지 기다리는 것은 애가 타는 일입니다. 그러므로 일단은 잊어버리고 있다가 아이가 말을 걸 때 기억해야 합니다. 이렇게 부모가 자신을 컨트롤할 수 있게 되면 아이의 사춘기도 서로 상처를 덜 받으며 넘길 수 있습니다.

# 싸우지 말라고 혼냈지만
# 아이들의 화해로 이어지지 않는다

초등학교 1학년인 예린이와 3학년인 언니의 취미는 스티커 모으기. 이런 두 사람을 위해 할머니가 스티커를 잔뜩 선물해주 셨습니다.

하지만 이것이 싸움의 원인이 되어버렸네요.

어떤 스티커를 누가 갖느냐로 "이거 내 거야!" "안 돼!" 하면서 싸우고 있습니다. 싸움이 끝날 기미를 보이지 않고 계속되자 엄마는 화가 났습니다. "그렇게 둘이 계속 싸우면 다 갖다 버릴 거야! 전부 가지고 와!"

단호한 엄마의 말에 "다 언니 때문이야!"라고 소리치며 예린 이가 울기 시작했습니다.

계속 싸우면 다 갖다 버릴거야!

엄마도 갖고 싶다.

아이들의 심한 싸움에 화가 난 부모가 극단적인 벌칙을 주는 것은 흔한 처벌 방식입니다. 화가 날 때 자기도 모르게 "다 갖다 버릴거야!"라고 말하는 부모는 적지 않습니다. 하지만 벌을 주겠다고 내비치는 것은 아이에게 공포심을 심어줄 뿐입니다.

엄마가 아이들에게 정말 원하는 행동은 무엇인가요? 서로 싸우지 않고 사이좋게 나눠 갖는 것입니다.

하지만 한 번 싸움이 시작되면 다시 평상심으로 돌아오는 것이 쉽지 않습니다. 이럴 때 싸움의 참전이 아닌 규칙을 뒤집는 제삼자의 투입을 시도해보세요. "그 스티커, 엄마도 갖고 싶다"고 말해보는 것입니다. 지금까지 스티커를 반으로 나눈다고 생각하며 싸우던 아이들. 그러나 엄마의 등장으로 '어떤 것을 주면 좋을까?'로 생각이 변환되면서 '스티커를 둘이서 나눈다'라는 상황이 리셋됩니다. 아이들 싸움의 원인에 따라서는 이 방법이 잘 통하지 않을 수도 있습니다. 하지만 부모는 한 발짝 다른 곳에 서서 볼 수 있는 입장이라고 생각하면 나오는 말도 달라질 것입니다.

# 울음을 그치지 않는 아이 때문에
# 너무나 짜증이 난다

초등학교 3학년인 모모와 5살 남동생의 독감 예방접종을 위해 병원에 간 엄마. 그날의 병원은 매우 혼잡해서 둘을 데리고 기다리던 엄마는 조금 힘이 들었습니다. 드디어 순서가 되었고 남동생이 먼저 주사를 맞았습니다. 이제 모모의 차례. 그런데 "난 주사 맞기 싫어"라며 모모가 울부짖기 시작했어요. 이제 곧 집에 갈 수 있겠다고 생각했던 엄마는 완전히 지쳐서 말했습니다.

"5살 동생도 안 울고 맞았는데 넌 누나잖아?"

그래도 모모는 울음을 그치지 않고 엄마의 화는 폭발 직전입니다.

 동생도 안 울고 맞았는데 넌 누나잖아!

 힘내서 주사 맞고 우리 뭐 할까?

"누나잖아" "동생이니까" "남자면서" 등은 나이와 성별에 대한 선입견이 담겨 있는 악마의 말습관입니다. 이런 말을 많이 듣고 자란 부모의 경우, 자기도 모르게 이런 식으로 말하게 되는 것 같습니다.

모모는 엄마가 자기의 힘든 기분을 알아주지 않는 것이 슬펐던 것 같아요. 붐비는 병원에서 오랜 시간 기다린 것은 모모도 마찬가지입니다. 엄마가 지쳤다면 모모도 지쳤을 것입니다.

혼잡한 병원 안에서 아이가 큰소리로 울면 엄마는 당연히 상당한 압박감을 느끼며 짜증이 날 것입니다. 하지만 당장 울음을 그치게 하려고 화를 내면 낼수록 상황은 악화될 뿐입니다.

초등학교 3학년이라면 결국 주사는 맞아야 한다는 것은 알고 있을 거예요. 그러므로 "힘내서 주사 맞고 우리 뭐 할까?"와 같이 주사를 맞은 다음을 상상할 수 있는 말을 해주세요. 그리고 아이의 마음이 가라앉을 때까지 함께 기다려주는 것이 결과적으로는 가장 빨리 수습되는 길일지도 모릅니다.

# Case
# 09

# 여러 번 화를 내도
# 소용이 없다

Situation

리오는 댄스학원에 다니고 있습니다.

이제 곧 일 년에 한 번씩 열리는 발표회가 있습니다. 그래서 매주 리허설을 하고 있어요. 그런데 팀원들이 건성으로 임하자 선생님은 모두에게 "도대체 하겠다는 거야, 말겠다는 거야?"라며 큰소리로 꾸짖으셨습니다.

이 모습을 연습실 밖에서 보고 있던 엄마. 집에 와서 계속 "그러니까 엄마가 연습하라고 몇 번을 말했어?"라며 리오에게 화를 냈습니다.

선생님은 물론 엄마에게까지 혼난 리오는 침울한 표정이 되었습니다.

Devil

몇 번을 말했어?

Angel

꼭 해야 할 일을 함께 생각해보자.

"몇 번을 말했어?"는 자주 들리는 악마의 말습관입니다. 비슷한 말로는 "몇 번을 말해야 알아듣는 거야!"도 있는데, 결국 이

말들은 '부모가 한 말이 아이에게 제대로 전해지지 않았다'는 것을 의미합니다.

같은 말을 몇 번씩 반복해도 아이의 행동에 변화가 없다면 다른 방법을 시도하는 것이 합리적일 것입니다.

부모가 아이에게 일방적으로 지시하지 않고 "꼭 해야 할 일을 함께 생각해 보자"와 같이 서로가 당사자가 되어 생각하게 되면 기억에도 잘 정착됩니다.

리오의 경우도 혼자 연습하라고 하지 말고, 연습할 날을 함께 정한 다음 달력에 표시해두는 등 여러 가지 방법이 있을 것입니다.

부모가 아이에게 원하는 것이 있다면 계속 말로만 하지 말고 시간과 공을 들여서 아이가 깨닫기 쉽게 전하려고 노력해야 할 것입니다.

# 아무리 말해도
# 중요성을 모른다

Situation

서준이는 활기찬 초등학교 2학년생. 학교에서 돌아오면 책가방을 던져 놓고 공원이나 친구집으로 놀러 나갑니다.

어느 날, 엄마가 책가방을 열어보니 가방 바닥에 구깃구깃하게 한데 뭉쳐져 있는 안내장들이 있었습니다. 지금은 9월인데 5월과 7월에 받은 안내장까지 그대로 있었어요.

엄마는 집에 돌아온 서준이에게 "다 구겨졌잖아! 바로바로 꺼내 놓으라고 몇 번을 말했는데 이게 뭐야"라며 구겨진 안내장을 보여주었습니다. 하지만 서준이는 그냥 게임을 시작해버렸어요.

다 구겨졌잖아!

집까지 잘 가져왔구나.

"학교에서 보낸 안내문이 구깃구깃" "제대로 꺼내 주지 않는다"라는 이야기를 초등학교 저학년 남자아이 어머니들에게서 자주 듣습니다.

엄마로서는 알림장을 받지 못해 곤란하지만, 서준이는 학교에서 받은 종이를 책가방에 넣은 것뿐일지도 모릅니다.

이런 경우, 아이는 아무런 문제도 못 느끼고 관심조차 없는 게 대부분이기 때문에 엄마가 몇 번을 말해도 흘려듣고 잊어버리는 것 같습니다.

입이 닳도록 잔소리해서 아이를 바꾸려다가는 엄마가 지쳐버릴지도 모릅니다.

이럴 땐 귀뿐 아니라 눈으로도 전달하세요. 구겨진 소식지를 정성껏 펴는 모습을 보여주면서 "집까지 잘 가져왔구나. 자세히 읽어보자"와 같이 말하는 것입니다. 가능하다면 함께 펴보는 것도 꽤 효과가 있을 것입니다.

# 아이의 실수에 놀라
# 감정적으로 반응했다

크리스마스가 다가오면 가슴이 두근거립니다.

백화점에서 오랜 시간 줄을 선 끝에 집과 크리스마스트리를 장식할 오너먼트를 구입하여 돌아온 루이의 엄마. 그런데 장식을 시작하려는 타이밍에 5살인 루이가 "나도 해보고 싶어요!"라며 다가왔어요.

잠시 망설였지만 자주 있는 일도 아니니 경험하면 좋을 것 같아 허락했지만 불길한 예감이 적중. 루이가 그만 오너먼트를 바닥에 떨어뜨려서 깨져버린 것입니다. 놀란 엄마는 자기도 모르게 "아우, 힘들게 줄 서서 사온 건데!"라며 화를 내버렸어요.

루이도 충격을 받았는지 멍한 표정으로 서 있습니다.

힘들게 사온 건데!

깜짝 놀랐네!

저도 루이 엄마처럼 아이에게 '좋은 경험이 되겠지'라는 마음으로 시켰다가 결국엔 화를 낸 적이 몇 번 있습니다.

'아이가 하게 해주자'라고 결정할 때는 일어날 수 있는 리스크까지 포함에서 생각하는 습관을 들이면 좋습니다. 만지면 안 되는 소중한 물건이라면 처음부터 아이의 시선이 닿지 않는 곳으로 치워주세요. "안 돼"라는 말을 할 필요가 없도록 컨트롤하는 것도 대책 중 하나입니다.

그렇게 했는데도 망가뜨렸다면 "힘들게 사온 건데!" "그러니까 엄마가 뭐랬어!"라는 말이 순간적으로 튀어나오기 마련입니다. 하지만 아이로 인해 생긴 해프닝이라면 의식적으로 "깜짝 놀랐네!"라고 말해보는 것이 어떨까요? 아이도 틀림없이 자신의 실수에 놀랐을 것이므로 마음에 와닿는 말이 되고, 엄마 자신도 놀랐기 때문에 위화감이 들지 않는 말입니다.

순간적으로 나오는 한마디를 바꾸면 그 다음으로 이어지는 말까지 한 호흡을 쉬고 할 수 있기 때문에 조금씩 '악마의 말습관'에서 멀어질 수 있어요.

# 1차 반항기인 아이 때문에
# 애를 먹고 있다

'미운 세 살'이라는 말이 있을 만큼 이 시기의 아이를 키우는 많은 엄마들이 고충을 토로합니다.

동생이 태어난 지 얼마 안 된 로아는 세 살(24개월)입니다. "싫어 싫어"의 연속으로 엄마는 지칠 대로 지쳐 있어요. 함께 외출을 하려고 하면 "싫어", 옷을 입히려고 해도 "싫어". 엄마가 억지로 옷을 입히려고 하면 "엄마 미워~"라며 울부짖기도 합니다.

태어난 지 얼마 안 된 아기를 돌보느라 제대로 잘 시간도 없는 엄마. "도대체 어떻게 하고 싶은 거야!" 감정이 폭발한 엄마는 정말 울고 싶은 마음. 그래도 로아의 "싫어"는 멈추지 않습니다.

도대체 어떻게 하고 싶은 거야!

알았어, 지금은 싫다는 거지?

사실 로아 자신도 도대체 왜 싫은지 그 이유는 모른 채 어쨌든 싫은 것입니다.

아마 엄마도 "어떻게 하고 싶은 거야?"라는 자신의 질문에 기대하는 답이 돌아오지 않는다는 것을 알고 있을 것입니다. 하지만 말하지 않고서는 견딜 수가 없었던 것이겠지요. 그 마음, 잘 알고 있습니다.

여기에서는 어떻게 해야 커뮤니케이션을 잘 할 수 있는지에 대해서 생각해보기로 해요. 아이의 "싫어 싫어"에 그대로 반응하지 말고 "알았어, 지금은 싫다는 거네"라고 한 번 긍정해주는 말을 하면 엄마 자신의 마음도 가라앉을 가능성이 커집니다.

포인트는 '무슨 일이든 아이는 엄마의 몇 배 이상의 시간이 걸린다'는 것을 기억해두는 것입니다. 감정을 받아들여도 마음이 즉시 가라앉는 것은 아닙니다. 어른인 자신과 같은 기준으로 생각하기 때문에 아이가 변하지 않는 것에 자꾸 짜증이 나는 것입니다.

처음부터 '아이는 원래 시간이 걸린다'라고 생각해두면 엄마도 다소 마음이 편해질 것입니다. 물론 시간이 많이 걸려서 힘들 때도 있겠지만 그것이 육아라고 저는 생각합니다.

# 나도 모르게 화풀이를 하고
# 자기혐오에 빠진다

싱글맘인 인영 씨는 아직 4살인 이연이를 잘 키워야만 한다는 압박감을 느끼고 있습니다. 동시에 '나와 같은 경험으로 힘들어하는 여성들을 위한 지원활동을 하고 싶다'라는 꿈도 안고 있어요.

현실 속에서 수많은 갈등에 노출되며 활동까지 마음대로 되지 않아 괴로운 요즘, 이연이의 자유분방한 말과 행동이 자꾸 신경에 거슬리기 시작했습니다.

그러던 중, 이연이의 실수로 컵이 쓰러졌는데 "지금 뭐 하는 거야!"라고 소리를 질러버렸어요. 아무것도 아닌 일로 아이에게 화풀이를 하다니, 인영 씨는 그만 자기혐오에 빠져버렸습니다.

지금 뭐 하는 거야!

컵이 쓰러졌네.

직장 고민이나 집안 문제 등 육아 외에도 생각해야 할 것들이 많아 스트레스가 쌓이면 나도 모르게 아이를 화풀이 대상으로 삼게 될 때가 있습니다. 어른들 사이에서는 결코 하지 못할 심한 말이나 격한 어조가 자기 아이 앞에서는 생각 없이 나와버리는 것입니다.

이런 엄마를 위한 코칭 시간에 제가 자주 진행하는 것이 있습니다. 먼저 엄마 자신이 무엇에 화가 나고 불안을 느끼는지를 아이를 떼어 놓고 생각한 다음, 현상을 정리해보는 작업입니다.

아이에게 화풀이하는 것은 어쩌면 자기가 무슨 말을 해도 이 관계는 깨지지 않을 것이라고 믿는 엄마의 어리광일지도 모릅니다. 하지만 이런 상황이 길게 지속되면 부모 자식 간의 신뢰관계는 성장하지 못합니다.

자신의 문제와 아이를 확실하게 분리해서 생각하는 것이 가능해지면 아이가 부주의 등으로 작은 실수를 해도 "컵이 쓰러졌네" "흘렸구나" 정도의 반응을 보일 뿐 필요 이상으로 화내지 않게 됩니다.

# 당신의 말습관 워크시트

**Q** 스스로에게 짜증이 날 때, 자신에게 어떤 말을 해주는지
떠올려보세요.

**Q** 혹시 아이를 혼낼 때 사실은 악마의 말습관을 쓰고
있었구나라고 느꼈다면 어떤 말습관인가요?

**Q** 만약, 그 말습관을 천사의 말습관으로 바꾸려면
어떻게 말하면 될까요?

**4**
장

격려할 때의
악마의 말습관
천사의 말습관

## ✿ ✿ ✿
# 부모가 서 있을 자리는
# 아이 앞이 아니라 뒤

육아 중에는 아이를 격려해야 하는 상황이 자주 생깁니다. 그 배경에는 '쉽게 포기하지 않는 아이로 키우고 싶다' '능력을 키워주고 싶다'라는 부모의 마음이 깔려 있는 것 같습니다.

다만, '~였으면 좋겠다' '~해주고 싶다'라는 마음이 지나치게 강해지면 아이에게 부모의 소망을 강요하거나 과도한 간섭이나 비판으로 이어질 수 있습니다.

공부는 물론이고 운동, 그리고 학원에서 배우는 모든 것들을 아이가 열심히 해주기를 바라는 마음은 저도 부모이기 때문에 잘 알고 있습니다. 하지만 아이를 위해서 격려하는 것인지, '시키고 싶다'라는 자신의 마음을 충족시키기 위해서 격려하는 것인지 잠시 멈춰서 생각해보는 시간이 필요합니다.

코칭에 대해 설명할 때 '어두운 터널을 걸어가는 사람의 한 발자국 앞이 보이도록 뒤에서 손전등을 비춰 준다'라는 예를 들 때가 있습니다. 어두워서 앞이 보이지 않는 상황이라도 부모가 뒤에서 발밑을 비춰주면 아이는 자신이 가고 싶은 길로 쉽게 나

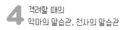

아갈 수 있습니다. 물론 부모로서 아이 앞에 서서 세상일을 알려주거나 위험에서 지켜주는 것은 꼭 필요하지만, 항상 그 자리에 있어서는 안 됩니다.

한편, 방임주의도 좋은 커뮤니케이션이라고는 할 수 없습니다. 아이는 기본적으로 놀이나 즐거움을 우선시하는 경향이 강하므로 '공부는 싫으니까 게임을 하고 싶다'라는 것이 아이의 솔직한 욕구입니다. 하지만 욕구 그대로 온종일 게임만 한다면 사회인이 되기 위한 필요지식을 익히지 못하고 성장할 수 있습니다.

그러므로 하기 싫어도 필요한 것은 하는 어른으로 성장하도록 격려하는 것은 중요한 것입니다.

제 아들도 좀처럼 숙제 진도가 나가지 않습니다. 그래서 어떻게든 의욕을 북돋아 주고 싶어서 격려하고 있습니다. 그러나 "○○아, 좀 더 열심히 해"라고 아들을 주어로 말했더니 비판으로 들렸는지 의욕으로 이어지지 않았습니다.

그래서 최근에는 "엄마는 동그라미 치는 걸 진짜 좋아하니까 오늘도 동그라미를 많이 그리게 해 줘"와 같이 저 자신의 마음을 전달하는 말을 늘리려고 신경 쓰고 있습니다.

# 모든 것을 열심히 하는
# 아이의 모습을 보고 싶다

엄마는 미아가 초등학교에 입학할 때쯤부터 "1등을 해야지!" 라고 격려해왔습니다. 시험이나 운동회, 발표회 등의 행사는 물론 여름방학 숙제나 라디오 체조, 독서감상문 등 하나부터 열까지 어쨌든 1등이 되라고 해 온 것입니다.

저학년 때의 미아는 "열심히 해서 최고가 되는 거야"라고 말해주면 자랑스러운 얼굴로 기뻐했습니다. 하지만 고학년이 된 지금은 뭔가 시무룩한 표정을 짓고 있습니다.

뭐든지 1등을 해야지!

널 보면 엄마도 힘이 나.

'설정한 목표 이상으로 잘할 수 없으니까 목표는 일단 높게 잡는 게 중요하다'는 말을 들은 적이 있을 것입니다. 미아의 엄마도 무슨 일이든지 1등을 목표로 하면 능력의 최대치를 발휘할 수 있고 꽃피울 능력이 생길 것이라고 생각하는 것 같습니다.

또 미아가 실제로 1등이 될 능력이 있다고 믿기에 할 수 있는 말이기도 합니다. 하지만 미아에게 엄마의 큰 기대는 부담으로 변해버린 것 같습니다.

목표를 넘는 방법은 사람마다 다릅니다. 자신에게 맞는 방법이 있다는 것이지요. 크고 먼 목표가 있어야 힘을 발휘하는 아이가 있다면, 작은 목표를 하나씩 착실하게 이뤄가는 것을 잘하는 아이도 있습니다. 그리고 목표를 고정해놓지 않고 상황에 맞춰 새로 추가해나가는 것을 즐기는 아이도 있는 것입니다. 목표는 그저 높으면 높을수록 좋은 것이 아닙니다.

가까이에서 지켜보면서 "널 보면 엄마도 힘이 나"라고 아이가 스트레스 받지 않고 몰두할 수 있는 표현으로 격려해주세요.

# 하기로 한 일은
# 끝까지 해냈으면 좋겠다

하나는 5살 때 언니가 피아노 치는 모습을 보고 자기도 피아노를 배우고 싶다고 부모님을 졸라 학원에 다니게 되었습니다.

그런데 언니에 비해 실력이 잘 늘지 않고 하나 본인도 그다지 즐거워 보이지 않습니다. 엄마는 '중간에 그만두는 습관이 생기면 안 된다' '끝까지 해내는 아이로 자랐으면 좋겠다'라는 생각으로 계속 보내고 있습니다.

가끔 하나가 다니기 싫다고 할 때가 있는데 "스스로 결정했잖아" "네가 하고 싶다고 했잖아"라는 말로 몇 년째 끌고 가고 있습니다.

스스로 결정했잖아!

뭔가 생각이 달라졌니?

부모라면 누구나 아이가 '스스로 정한 일은 끝까지 해냈으면 좋겠다'고 생각합니다. 부모로서 무척 자연스러운 마음이겠지요. 하지만 "스스로 결정한 일이잖아"라는 말로 하기 싫은 것을 계속 시키는 것은 '네가 결정했다'를 인질로 아이를 속박하는 것일지도 모릅니다. 성실한 아이일수록 '내가 한다고 했으니까…'라고 참게 됩니다.

물론 한 가지 일을 꾸준히 할 수 있다는 것은 대단한 일입니다. 하지만 그것과 마찬가지로 새로운 일에 도전하는 것도 대단한 일이에요.

전에 제 아이가 단기간에 학원을 그만두고 싶다고 한 적이 있습니다. 학원 선생님은 제게 "한 번 그러면 자꾸 그만두는 버릇이 생기니까 앞으로 반년은 참고 다니게 하는 게 좋습니다"라고 충고해 주셨습니다. 하지만 아이에게는 그만두려는 명확한 이유가 있었고, 저도 이해했기 때문에 결정을 미루지 않았습니다. 결과적으로 아이에게 '그만두는 버릇'은 생기지 않았어요.

아이가 다니고 싶지 않다고 하거나 자기와는 안 맞는 것 같다는 말을 할 때는 "뭔가 생각이 달라졌니?"라고 물어서 속마음을 꺼내기 쉬운 분위기를 만들어주세요.

# "꼴찌라도 괜찮아"로는
# 격려가 되지 않는다

Situation

꼴찌는 싫은데…

꼴찌라도 괜찮아.
끝까지 달리면
되는 거야.

초등학교 5학년인 시헌이는 운동에 소질이 없습니다. 그런 시헌이의 어머니도 어릴 때부터 운동을 잘하지 못했기 때문에 '그 마음을 잘 안다'고 생각하고 있었습니다.

학교에서 열리는 마라톤대회 날 아침입니다. 긴장하고 있는 시헌이를 격려해주고 싶었던 엄마. "꼴찌라도 괜찮아. 끝까지 달리면 되는 거야"라는 말을 해주었지요. 매년 시헌이의 등수는 뒤에서 세는 것이 빨랐기 때문에 노력하는 것 자체에 의의가 있다고 전해주고 싶었기 때문입니다.

그러자 시헌이는 아무 말도 없이 그냥 학교로 가버렸습니다.

 꼴찌라도 괜찮아.

 엄마가 응원하고 있을게!

'못하니까 싫어한다' '못하니까 목표가 없다'라고 생각하는 것은 어른들의 일방적인 선입견에 불과할지도 모릅니다.

특히 시헌이 엄마의 경우, 자신의 어린 시절과 겹치기 때문에 더욱 그랬던 것 같습니다. 격려해주려고 한 말이겠지만 마음속으로는 '올해도 분명 질 것이다'라고 단정짓고 있습니다.

그래서 시헌이가 마라톤대회의 결과에 상처받지 않도록 앞질러서 "꼴찌라도 괜찮아"라고 말해준 것입니다. 하지만 시헌이는 '나에게 아무 기대도 하지 않는다'고 느껴져서 서운한 마음이 든 것이지요.

내가 듣고 싶은 말과 다른 사람이 들었을 때 기분 좋은 말이 늘 같지는 않습니다. 아무리 부모 자식 사이라도 다른 인격체이니까요.

격려해주고 싶다면 아이의 눈을 보면서 "응원하고 있을게!"라고 심플하게 말해보세요. 쓸데없는 말을 덧붙이지 않고 단순하게 말할 때 마음은 오히려 더 잘 전달되거든요.

Case
04

# 기분을 풀어주려고
# 격려한다

어느 날 저녁, 지는 것이라면 질색을 하는 지율이가 거실 소파에 앉아 뭔가 불만스럽게 중얼거리고 있습니다. "내일 체육 시간 진짜 싫어" "분명히 질 거야" "다른 팀 멤버가 너무 강하다니까" 등 아무래도 내일 체육 시간에 예정된 축구시합 때문에 불만이 있는 것 같습니다.

엄마는 지율이의 기분을 풀어주고 싶어서 "뭐 그런 걸 가지고 그래. 체육 시간 끝나면 네가 좋아하는 미술 시간이잖아"라고 말했어요.

그러자 "그게 아니라니까요!"라면서 지율이의 기분이 더 나빠졌습니다.

뭐 그런 걸 가지고 그래.

그래, 그렇겠네.

가능하면 집안 분위기는 항상 밝은 것이 좋겠지요.

그래서인지 엄마들은 아이의 기분이 언짢아 보여도 아무 일도 아니라는 듯 행동하거나 "뭐 그런 걸 가지고 그래"와 같이 가볍게 받아넘길 때가 많은 것 같습니다.

지율이의 엄마도 '아이를 격려해서 기분을 풀어주면 집안 전체가 편안해진다'라는 생각을 마음속 어딘가 품고 있는 것은 아닐까요? 또 부정적인 감정은 가능하면 빨리 해소해야 한다고 생각하는 사람도 적지 않습니다.

하지만 아이는 자신의 힘든 상황이나 고민을 가볍게 취급당하면 본인이 존중받지 못한다고 느끼게 됩니다. 어떤 일이든 바로 기분을 풀어줄 필요는 없습니다. 우선은 "그래, 그렇겠네"라고 기분이 나쁜 상태를 그대로 받아주는 것이 중요합니다.

Case
05

# 딱 맞는 말이
# 떠오르지 않는다

Situation

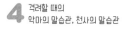

선준이가 다니는 초등학교에서는 매년 음악회를 개최합니다. 1·3·5학년 중에서 뽑힌 멤버들이 악기를 연습한 다음, 당일에 무대에 올라가 연주를 하는 것입니다.

이전 오디션에서 아쉽게 떨어졌던 선준이는 다음에는 꼭 참가하고 싶어서 드럼을 배우기 시작했습니다.

그리고 5학년 때 작은북 담당으로 그렇게 원하던 무대에 설 수 있게 되었어요.

기다리던 음악회 당일 아침입니다. 누구보다도 선준이의 노력을 잘 알고 있는 엄마. 멋진 말로 선준이를 배웅하고 싶었지만 "화이팅!"이라는 평범한 말밖에 하지 못하는 자신이 부족한 엄마 같다는 생각이 들었습니다.

화이팅!

드디어 오늘이구나!

아이에게 "화이팅!"을 외치며 격려하는 것 자체는 전혀 문제가 없습니다.

다만 엄마가 어딘가 부족함을 느낀 것은 선준이가 이제까지 해온 노력을 목격했기 때문일 것입니다. 아이의 성장이 정말 기쁜데 평범한 말로밖에 표현하지 못한 자신이 답답한 것이겠지요.

하지만 엄마의 마음은 표정과 행동에서 전해졌을 것입니다. 커뮤니케이션에서 받아들이는 메시지는 언어가 전부가 아닙니다. 비언어에서 받아들이는 메시지도 꽤 많습니다.

그래도 뭔가 다른 말을 해주고 싶다면 "드디어 오늘이구나!"와 같이 선준이가 마음속으로 생각하고 있을 것 같은 말을 대변하는 듯한 마음으로 해보세요. 선준이가 "네, 맞아요"라고 대답할 것 같은 말을 해주면 됩니다.

'이런 게 격려가 될까?'라는 생각이 들 수도 있습니다. 하지만 자신이 생각하고 있는 것을 말로 해주는, 나를 잘 이해해주는 존재가 있다는 것은 안정감이라는 최고의 파워로 연결됩니다.

# 언제나, 무슨 일에도
# 밝게 격려만 한다

Situation

주원이는 4형제 중 한 명입니다.

엄마는 아이들을 '사소한 일로 끙끙대지 않는 활기찬 아이로 키우고 싶다'고 생각하고 있습니다. 그래서 주원이가 넘어져서 아프다고 해도 "괜찮아, 괜찮아! 넌 남자니까 그 정도로 아프다고 하면 안 되지! 엄마가 어렸을 땐 울지도 않았어"라고 계속해서 말해주었습니다.

학교에서 돌아온 주원이가 오자마자 소파에 드러누우며 "아, 피곤해"라고 할 때도 "어린애가 피곤하다니 그게 무슨 소리야? 괜찮아, 괜찮아!"라며 씩씩하게 격려해줍니다.

 괜찮아, 괜찮아!

 그런 날도 있어.

넘어진 아이에게 어른들이 "괜찮아 괜찮아!" "별거 아니야"라고 말해주는 모습을 적지 않게 봅니다. 아마도 '아픔에 지지 마'라는 마음으로 격려해주고 있는 것이겠지요.

물론 그런 말 덕분에 금방 기분을 바꾸는 아이도 있지만, 자신은 아프고 힘든데 주변에서 자꾸 "괜찮아, 괜찮아!"라고 하면 부정당하는 것 같은 느낌을 받는 아이도 있습니다.

'아파' '괴로워' '지쳤어' 등의 부정적인 말은 결코 나쁜 것이 아닙니다. 어른이 되면 겉으로 드러내지 못하고 삼켜야 하는 상황도 있습니다. 하지만 아직 어릴 때는 '이런 부정적인 감정조차도 받아주는 사람이 있다'는 것을 몸으로 느끼는 것이 우선입니다.

주원이처럼 집에 돌아와서 "피곤해"라고 말한다면 무조건 "괜찮아"라고 하지 말고 "그랬구나, 피곤하지? 그런 날도 있어"라고 대답해주세요. 마음이 그대로 받아들여지면 아이는 안심하고 다시 기운을 낼 수 있을 것입니다.

Case
07

# 격려하는 것 같지만
# 사실은 일방적으로 단정짓고 있다

Situation

……

잘할 수 있을 것
같으니까
한번 해봐.

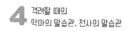

직장일과 육아를 병행하느라 눈코 뜰 새 없이 바쁜 예인이의 엄마. 어린 동생까지 돌보느라 무슨 일이든 빠르고 효율적으로 진행하는 것을 중시합니다.

예인이가 어떤 결정을 할 때도 쓸데없이 망설이거나 고민하지 않고 선택할 수 있도록 이야기도 적극적으로 들어주고 있어요.

어느 날, 예인이가 반 회장 선거에 나가고 싶다고 했습니다. 그러자 엄마는 "그건 너한테 힘들 것 같은데"라고 딱 잘라 말했어요. 또 다른 날, 새로운 스포츠를 시작하고 싶다고 상담했을 때는 "잘할 수 있을 것 같으니까 한번 해봐"라며 격려해주었습니다.

잘할 수 있을 것 같으니까 한번 해봐.

좋은 생각이네! 어떤 부분에 매력을 느꼈어?

어린아이들을 키우면서 직장일까지 해내는 바쁜 어머니들이 늘고 있습니다. 그래서인지 예인이의 엄마처럼 모든 분야에서 낭비를 최대한 줄이려는 분들이 많은 것 같습니다.

이러한 사고방식이 정착되면 아이의 도전을 지켜봐 주거나 스스로 판단할 때까지 기다려주는 것이 시간 낭비로 느껴질 수 있습니다. 그래서 아이의 도전조차도 엄마가 가능·불가능으로 구분하여 단정짓게 되는 것입니다. "잘할 수 있을 것 같으니까 한번 해봐"는 '잘할 수 없는 것은 처음부터 시키지 않겠다'라는 효율 위주의 표현으로 격려의 말이 아닙니다.

이런 상황이 지속되면 아이는 스스로 판단하는 힘을 잃고 다른 사람의 의견에 의지하게 됩니다.

아이가 무언가에 도전하고 싶다고 말할 때는 "좋은 생각이네! 어떤 부분에 매력을 느꼈어?"라고 아이가 왜 그 일을 하고 싶어졌는지 배경을 물어봐 주세요. 이렇게 자신의 '하고 싶다는 마음'이 존중받는다는 감각을 우선적으로 키워주세요.

# 당신의 말습관 워크시트

**Q** 뭘 해도 의욕이 생기지 않을 때, 자신에게 어떤 말을 해주고 있는지 떠올려보세요.

**Q** 혹시 아이를 격려할 때 사실은 악마의 말습관을 쓰고 있었구나라고 느꼈다면 어떤 말습관인가요?

**Q** 만약, 그 말습관을 천사의 말습관으로 바꾸려면 어떻게 말하면 될까요?

5
장

재촉할 때의
악마의 말습관
천사의 말습관

## ✿ ✿ ✿
# 아이의 속도에
# 맞추는 것이 중요

"알았으니까 빨리빨리 좀 해."

"으이구, 좀 조심해."

특히 어린 아이를 키우는 부모들은 이렇게 행동을 재촉하거나 주의를 촉구하는 말을 많이 사용하게 되는 것 같습니다.

신발을 신는다, 밥을 먹는다, 쇼핑을 한다 등 일상의 사소한 행동에 익숙해진 어른과 비교하면 아이는 무엇을 하든 시간이 걸립니다. 그래서 아이의 행동을 재촉하는 말을 하게 되기 쉬운 것이지요.

그런데 이것이 습관이 되면 아이가 성장한 후에도 "왜 그런 일로 고민하는 거야?" "빨리빨리 결정해버려"와 같은 말을 자기도 모르게 내뱉게 됩니다. 아이가 차분하게 생각할 기회를 빼앗는 문자 그대로 '악마의 말습관'입니다.

전에 제 아이가 한자 학습지 숙제를 할 때 생긴 일입니다. 아이는 새로 외운 한자의 예문을 매번 스스로 창작해서 노트에 적었습니다. 저는 옛날부터 항상 효율을 중요시하는 사람이라 "네가 직접 문장을 만들지 말고 학습지에 나온 예문을 그대로 옮겨 적으면 어때?"라고 말하려다 깜짝 놀랐습니다. 무심코 아이가 스스로 생각하는 시간을 빼앗을 뻔했던 것입니다.

그리고 어떤 부모님은 "내가 네 나이 때는 이런 건 다 했어" "나도 했는데 너도 할 수 있다니까"라며 자기 자신의 이야기를 시작하면서 아이의 행동을 재촉하는 경우도 있습니다. 자신에게 취해 아이의 모습이 보이지 않는 것은 아닐까 걱정이 됩니다.

맞벌이 가정이 많아진 요즘, 바쁜 가운데서 육아를 하는 가정이 늘었습니다. 아이가 성장하는 속도에 맞춰서 생활하는 것은 결코 간단하다고 말할 수 없습니다.

하지만 그럴수록 주어진 짧은 시간 속에서 부모와 자식이 마음을 나눌 수 있는 소통 방법을 찾을 수 있으면 좋겠습니다.

# 아이가 대답만 하고
# 행동하지 않는다

초등학교 저학년 때까지는 방 정리를 깨끗하게 잘했던 지현이. 그런데 5학년인 지금은 책상에 물건을 가득 쌓아만 둡니다.

자기 방만 어질러놓는 것이 아니라 식탁에는 읽던 만화책을 그대로 펼쳐놓고, 현관에는 신발들을 마구 벗어 던져 놓는 등, 온 집안에 지현이의 물건이 흩어져 있습니다.

엄마는 지현이를 볼 때마다 "정리 좀 해라!"라고 하지만 지현이는 "아, 알았다니까요. 나중에 할게요"라고 대답만 할 뿐 전혀 정리를 시작하려고 하지 않습니다.

정리 좀 해라!

엄마랑 같이 치워볼래?

아마도 물건이 많지 않던 저학년에 비해 5학년쯤 되니 문구류와 학습 도구, 만화책 등이 많아진 탓일 것 같네요. 어디에 무엇을 두어야 할지 정리정돈 방법을 모르고 있을 가능성이 있습니다.

지저분한 상태를 보다 못한 엄마가 아무리 "정리 좀 해!"라는 말을 해도 구체적으로 무엇을 어떻게 정리해야 하는지 모르는 아이도 분명히 많을 것입니다. 한번 "엄마랑 같이 치워볼래?"라고 아이에게 물어보세요. 정리 시간을 부모와 아이의 소통 시간으로 만드는 것입니다.

"그 책은 여기에 넣어" 등 일방적으로 엄마가 지시하지 말고 아이와 함께 대화를 나누면서 수납장소를 정하는 것이 좋겠지요. 게임이나 숫자를 좋아하는 아이라면 동선과 기능성을 고려해서 "이거랑 이거는 함께 사용하잖아. 그럼 어디에 두는 게 편할까?" 꾸미기와 소품을 좋아하는 아이에게는 "공부할 때 이게 보이면 기분이 좋아질 것 같지 않아?" 등 아이의 기호를 존중하면서 한 번 제자리를 찾아 놓으면 이후에는 아이 스스로 정리할 수 있게 될 것입니다.

# 부모한테
# 편한 것을 권한다

이제 곧 이루의 5살 생일입니다. 오늘은 이루의 선물을 사러 가족 모두 장난감 가게에 왔어요.

이루가 제일 먼저 고른 것은 무선 자동차. 엄마는 그걸 보자마자 "어? 집에 비슷한 거 있잖아"라며 다른 것을 고르라고 했습니다. 그래서 이루가 드론을 보기 시작하자 "그건 금방 망가지니까 이걸로 하는 게 어때?"라고 하며 다른 판매대에 있는 장난감을 들고 왔습니다.

이루는 불만스러워 보입니다.

이걸로 하는 게 어때?

그게 갖고 싶구나!

나이가 어린 아이들은 장난감을 망가뜨리고 금세 질리고 집에 있는 비슷한 물건을 또 사려고 합니다. 부모가 보기엔 아깝다는 생각이 들기도 하지요.

그렇지만 아이가 원하는 것을 무시하고 부모의 의견이나 상황을 우선하게 되면 '내 의견은 들어주지 않는다'라는 불만이 남게 됩니다.

아이가 장난감을 선택할 때는 뒷모습이나 장난감이 아니라 꼭 아이의 표정을 바라봐 주세요. 좋아하는 장난감을 향해 일직선으로 달려가 그것만 주시하는 아이가 있다면, 장난감 진열대의 맨 위에서 아래까지 매의 눈으로 살피며 고르는 아이도 있습니다. 모두 한없이 진지한 눈빛으로 열심히 고르고 있다는 것을 느낄 수 있습니다. 아이에게 새 장난감을 고른다는 것은 어른이 생각하는 것 이상으로 매력적인 체험인 것입니다.

아이가 고른 물건에 대해서는 일단 "그게 갖고 싶구나"라고 인정해주세요. 수고스러울 수도 있지만 그 한마디의 축적이 중요합니다. 크기나 예산으로 인해 다시 선택하는 것은 그 말을 한 이후에도 늦지 않습니다.

Case
03

# 몰아붙이듯이 재촉해도
# 효과가 없다

고등학교 1학년인 승우는 육상부에 소속되어 있습니다. 동아리 활동을 마치고 집에 오는 시간은 저녁 8시쯤. 엄마 생각에는 집에 돌아오면 저녁을 먹고 바로 씻었으면 좋겠습니다. 하지만 승우는 옷도 갈아입지 않고 교복 차림 그대로 소파에 드러누워서 스마트폰을 만지작거리고 있네요.

그런 승우에게 "지금 안 먹으면 치울거야" "얼른 와서 먹으라니까" "먹고 빨리 샤워해"라며 몰아붙이듯이 말해보지만 "…네"라는 영혼 없는 대답밖에 돌아오지 않습니다.

 지금 안 먹으면 치울거야.

 엄마는 빨리 치우고 쉬고 싶어.

승우의 어머니는 내일에 대비해서 빨리 집안일을 끝내고 쉬려는 일념으로 계속 말을 하지만 실은 역효과입니다. 너무 많은 정보를 한꺼번에 주고 있기 때문에 승우의 귀에는 제대로 들리지 않는 것입니다.

이럴 때는 엄마가 승우의 시야에 들어갈 만한 위치로 이동해서 "엄마는 내일도 출근해야 해서 빨리 치우고 쉬고 싶어"라고 "나"를 주어로 구체적으로 말해보세요. 이것을 '나 전달법(I-message)'이라고 합니다.

그리고 승우는 벌써 고등학교 1학년생. 자신의 일은 스스로 책임감을 갖고 할 수 있는 나이입니다. "엄마는 먼저 씻을 테니까 네가 먹은 것은 설거지해서 정리해 둬"라고 전달해도 괜찮습니다. 집안일을 모두 엄마가 떠맡을 필요는 없습니다.

장차 독립해야 하므로 지금부터 요리와 뒷정리, 청소 등 웬만한 집안일은 스스로 할 수 있도록 가르치는 것이 좋습니다. 이렇게 자기 주변의 일을 스스로 처리할 수 있는 능력은 아이의 자신감으로도 이어집니다.

# 수줍음이 많아
# "고맙습니다"라는 말을 못 한다

수아는 낯을 약간 가리는 4살 여자아이. 누굴 만나면 엄마 뒤에 숨어서 머뭇거리기 일쑤입니다.

엄마는 그런 수아가 조금 걱정입니다. 적어도 "고맙습니다" 정도는 말할 수 있으면 좋겠다고 바라고 있어요.

어느 날, 동네 어른이 수아에게 과자를 주셨습니다. 엄마는 "수아야, '고맙습니다'라고 해야지? 응?"이라고 말하며 인사를 재촉했습니다. 하지만 수아는 이번에도 엄마 뒤에 숨어서 아무 말도 하지 않습니다. 어떻게든 수아에게 인사를 시키고 싶은 엄마는 계속 "어서~"를 반복하고 있습니다.

'고맙습니다'라고 해야지? 어서~

엄마랑 함께 말해볼까?

인사와 감사의 말은 사회생활의 기본입니다. 그래서 '아이가 제대로 말할 수 있게 가르치고 싶다'고 생각하는 부모들이 많지요.

그런데 수아처럼 머뭇거리며 좀처럼 입을 떼지 못하는 아이도 있습니다. 포인트는 본인도 기뻐서 "고맙습니다"라고 말하고 싶은데 입이 떨어지지 않는다는 점입니다. 이런 아이에게 "어서~"라고 재촉하면 아이는 위축되면서 더욱 말을 못 하게 되는 것입니다.

"고맙습니다"라고 말하지 못하는 아이에게 필요한 것은 안심과 용기. 엄마가 아이의 손을 잡고 "엄마랑 함께 '고맙습니다'라고 말해볼까?"라고 도와주세요. '안심'은 '전에는 말할 수 있었다'라는 경험치에서 얻을 수 있으므로 아이가 말했을 때 "오늘은 고맙습니다라고 말했네"라는 말로 더욱 실감시켜주세요.

그래도 "고맙습니다"를 하지 못하는 상황은 또 발생할 것입니다. 그럴 때는 '어떻게든 말하게 해야 하는데'라고 필사적으로 강요할 필요는 없습니다. '말하지 못해도 괜찮아'라는 마음으로 천천히 지켜봐 주세요.

# 아이가 해야 할 일을
# 빨리 했으면 좋겠다

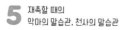

초등학교에 입학한 지 얼마 되지 않은 연우. 익숙하지 않은 새로운 생활에 적응하는 것이 꽤 힘든 것 같습니다. 학교에서 돌아오면 거실에 책가방을 내팽개치고 아무렇게나 드러누워 있습니다.

주방에서 그 모습을 보고 있던 엄마는 해야 할 일을 매일 뒤로 미루는 연우가 못마땅합니다. 그래서 저녁식사를 준비하면서 "이제 그만 뒹굴거리고 일어나" "안내문은 없어? 알림장은? 숙제는? 할 일을 빨리빨리 좀 해!"라고 잔소리를 했습니다.

하지만 연우는 누워서 움직이려고 하지 않습니다.

빨리빨리 좀 해!

어서 와! 피곤하지?

취학 전과 취학 후의 아이들의 생활은 크게 달라집니다. 학교에서는 공부가 중요하고 긴장하고 있어야 하므로 지치는 것도 무리는 아닙니다.

한편, 엄마는 학교에서의 아이의 모습을 모르니까 집에 돌아와 피곤해하는 모습이 빈둥거리는 것으로 보이는 것입니다.

정리나 숙제를 하게 하려면 빈둥거린다고 지적하는 것보다 지쳤다는 것을 인정해주는 것이 효과적입니다. 아이가 집에 돌아오면 눈을 맞추면서 "어서 와! 피곤하지?"라고 말을 걸면 좋겠지요. 엄마의 이 한마디로 아이는 학교에서의 노력을 인정받았다는 생각에 마음이 뿌듯해지는 것입니다. 그리고 비로소 자발적인 행동으로 옮겨집니다.

아이가 중고생인데도 매일 밖에서 있었던 일을 잘 이야기해주는 가정이 있습니다. 물론 본인의 성격이나 환경에 크게 좌우되긴 하지만 가족이 귀가하면 서로 눈을 맞추며 "어서 와" "다녀왔습니다"라고 인사하는 습관을 공통적으로 갖고 있었습니다. 혹시 지금 그런 인사를 하고 있지 않다면 가족이 모여 습관을 재검토하는 좋은 기회일지도 모릅니다.

# 필사적으로 재촉하다 보니
# 협박이 되어버렸다

Situation

그래도
안 갈래.

어린이집 안 가는
아이는 나쁜 아이야!

"또 안 간다고?"

4살이 되는 건우는 어린이집에 가기 싫다며 울고 있습니다.

3살 무렵부터 가끔 안 가고 싶다고 하더니 점점 횟수가 늘어나고 있습니다. 장난감이나 과자로 마음을 돌릴 때도 있습니다. 하지만 그렇지 않을 때는 가능하면 아이에게 맞춰주려고 어떻게든 업무시간을 조절하며 노력해왔던 엄마. 하지만 전혀 달라지지 않고 오히려 더 안 좋아지는 것 같아 초조하고 조바심을 느끼게 되었습니다. 그래서 "어린이집에 마음대로 안 가는 아이한테는 산타할아버지가 선물을 안 준대" "너 때문에 또 회사에 못 가잖아. 어린이집에 안 가는 아이는 나쁜 아이야"와 같이 다그치게 됩니다.

 어린이 집에 안 가는 아이는 나쁜 아이야!

무슨 이유가 있어?

아이가 "어린이집에 가기 싫어"라고 하면 정말 난감합니다.

출근 시간은 다가오는데 해야 할 일도 있고 주변에 폐를 끼치게 되므로 큰 부담감을 느끼게 됩니다. 그렇더라도 아이가 가기 싫다고 말할 때는 "그래, 가기 싫구나. 가기 싫은 이유라도 있어?" 라고 받아줘 보세요.

하지만 솔직히 이렇게 말하는 것은 큰 모험이라고 해야 할까, 제법 용기가 필요합니다. 저도 실제로 이렇게 물었을 때 아이의 표정이 확 환해져서 '아, 큰일났다! 괜히 물어봤나 봐' 하고 내심 당황한 적이 있어요. 하지만 제 경험상, 아이의 마음을 받아주든 받아주지 않든 어린이집에 가느냐 마느냐의 결과는 크게 달라지지 않는 것 같습니다.

"그렇다면 의미가 없지 않나요?"라고 물으시겠지만, 커뮤니케이션은 그 자리에서 바로 효과가 나타나는 것이 아니라 하루하루 쌓아가는 것입니다. 생각해보면 당연합니다. 아이의 마음을 받아줬지만 결국 어린이집에 가지 않겠다고 고집을 부렸다 하더라도 '엄마가 내 마음을 알아줬다'라는 사실은 확실하게 아이 마음속에 남습니다. 이러한 축적이 앞으로 부모와 자식 관계를 만들어 간다는 것을 기억하세요.

# 핑계만 대다가
# 재촉하면 토라진다

유이는 초등학교 2학년. 유이의 엄마는 "집에 오자마자 숙제부터 해!"라고 늘 강조합니다. 엄마가 어렸을 때 그렇게 했던 것이 좋은 습관이었다고 생각하기 때문입니다. 그러나 유이는 바로 무언가를 시작하는 것이 힘든 것 같습니다.

가까스로 책상에 앉아도 "아, 뭔가 집중이 안 돼" "연필심이 너무 뭉툭한데…"라는 핑계를 대며 시간을 끌어요. 엄마는 '또 시작이네'라는 생각이 들어 "아우 진짜, 시간이 계속 가고 있잖아"라고 참견을 하게 됩니다. 그러자 유이는 "하면 되잖아요, 하면!"이라고 짜증을 내며 토라져 버립니다.

 시간이 계속 가고 있잖아!

 몇 분 뒤에 시작할 수 있을 것 같아?

초등학생의 숙제 관련 문제는 빼놓을 수 없는 화제입니다. 저도 매일 아이를 재촉하고 있기 때문에 잘 알고 있어요.

어쩌면 유이는 시동이 걸릴 때까지 시간이 걸리는 타입일 수도 있습니다. 그리고 자신에게 가장 좋은 타이밍, 가장 좋은 환경에서 공부를 시작하고 싶어 하는 고집이 있는 것 같기도 하고요.

이런 아이의 경우, 함께 '숙제 상자'를 만들어보는 것이 효과적입니다. 좋아하는 연필과 지우개를 숙제용으로 상자 하나에 담고 지정석을 만들어줍니다. 이 상자만 보면 '숙제하자'라는 스위치가 자연스럽게 켜질 수 있는 표시를 만드는 것이지요.

시간에 대해서는 일단 엄마가 "오늘 숙제는 몇 분 뒤에 시작할 수 있을 것 같아?"라고 미리 확인해서 아이가 시작할 타이밍을 구체적으로 떠올릴 수 있도록 이야기해보세요.

다른 사람의 말은 좀처럼 행동으로 옮기지 않는 사람도 자기 스스로 정한 것이나 습관이 된 것은 비교적 수월하게 지키게 됩니다.

# 달래려고 했는데
# 몰아붙이고 말았다

어느 날 밤, 중학교 2학년인 예나가 "우리 담임, 너무 짜증 나"라며 이야기를 시작했어요. 아이는 전에도 친구랑 말다툼을 했는지 학교에 가기 싫다고 한 적이 있습니다.

엄마는 '학교생활은 좋은 일도 있지만 나쁜 일이 생기는 것도 당연하니 너무 무겁게 받아들이지 말고 강하게 자랐으면 좋겠다'라고 생각했습니다. 그래서 "살다 보면 이런 일, 저런 일 다 생기는 거야. 선생님도 매일 힘드시지 않겠어? 그게 보통인데 네가 혹시 버릇없이 군거 아니야? 학교 안 간다고 무슨 뾰족한 해결책이 나오는 것도 아니잖아"라고 말해주었어요. 그랬더니 예나는 불만스러운 표정을 짓고 있습니다.

그게 보통이야.

어머, 그랬구나. 그래서 어떻게 됐는데?

예나는 '엄마가 그냥 들어줬으면 좋겠다'는 마음이었을지도 모릅니다. 이럴 때는 선입견 없이 들어주고 "어머, 그랬구나. 그래서 어떻게 됐는데?"라고 좀 더 듣고 싶다는 자세를 취하세요.

이때 주의할 것은 표정과 감정입니다. 공감이 안 된다는 표정도, 너무 가벼운 반응도 적절하지 않습니다. 공감을 전혀 표시하지 않으면 이해해주지 않는다는 생각에 마음을 닫아버릴 수 있고, 반면에 아이와 한마음이 되어 학교 일에 너무 화를 내면 '엄마한테 상담하면 귀찮아져'라는 생각을 갖게 만듭니다. 그러므로 평상심을 의식하세요.

"그래서 어떻게 됐는데?" "응, 그래서?"와 같이 자연스럽게 다음 말을 물으면 '내 말을 듣고 있구나'라는 안심으로 이어집니다. 가끔은 "왕짜증이네!" 등 아이가 쓰는 말을 그대로 인용하는 것도 좋습니다.

중학생쯤 되면 본인의 의지가 강해지면서 항상 부모에게 판단을 요청하지 않습니다. 부모가 답을 내지 않고 흥미를 가지고 들어주는 자세를 보여주면 아이의 마음이 안정되어 다음 행동을 냉정하게 생각할 수 있게 됩니다.

# 반성하라고 말하려다가
# 상처를 주었다

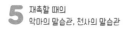

초등하교 4학년인 유나는 축구 클럽 멤버로 뛰고 있습니다. 팀원 중 여자아이는 4명뿐. 중간에 합류한 신참자인 유나를 나머지 아이들이 따돌린 것 같습니다.

연습이 끝난 후 유나가 눈물을 참으면서 "괴롭힘을 당했다" "아이들이 말 한마디 걸지 않는다" "즐겁지 않다"라고 엄마에게 털어놓았습니다.

그 말은 들은 엄마가 "그러니까 엄마가 중간에 들어가면 힘들다고 했지. 팀원들이 따돌린다니 네가 뭔가 잘못한 거 아니야?"라고 말하자 유나는 서럽게 울어버렸습니다.

Devil

네가 뭔가 잘못한 거 아니야?

Angel

이제 어떻게 하면 좋을까?

새로운 환경에 혼자 뛰어드는 것은 어른에게도 불안감이 따르는 일입니다. 그런데도 도전하기로 마음먹은 유나. 굉장히 용기있는 행동이라고 생각해요. 먼저 그 점을 칭찬해주고 싶습니다. 그날도 연습이 끝날 때까지 꾹 참고 열심히 했다고 생각하니 저까지 눈물이 날 것 같습니다.

엄마는 걱정했던 것이 현실이 되자 '역시!'라는 마음이 컸던 것 같습니다. 걱정과 질타, 격려가 마이너스가 되어 버린 사례입니다.

눈앞에서 아이가 울고 있다면 일단 꼭 안아주는 것이 제1단계입니다. 유나는 "즐겁지 않다"라고 말하면서도 "그만두고 싶다"고는 하지 않았습니다. 노력해서 계속하고 싶지만 의욕을 꺾는 환경 때문에 갈등하는 눈물인 것 같습니다.

마음이 가라앉은 2단계에서 "이제 어떻게 하면 좋을까?"라며 앞으로의 일을 함께 생각해주면 좋을 것 같습니다. 팀원들을 대하는 방법 등을 다양한 사람의 시점에서 생각해보고 이런저런 이야기를 나눠보는 것도 좋을 것 같습니다.

# 학원을 계속 다니고 싶다면
# 연습을 제대로 하면 좋겠다

초등학교 2학년 유아는 엄마를 졸라 친한 친구가 다니는 전자 오르간 학원에 다니게 되었습니다.

하지만 집에서는 연습을 전혀 하지 않고 레슨 받는 날에도 "아, 가기 싫어"라는 소리를 하며 억지로 가고 있습니다.

이런 유아에게 질린 엄마는 "연습했어?" "내일이 레슨인데 연습을 한 번도 안 했다는 게 말이 돼?" "레슨 받는 게 싫으면 그만두는 게 낫지 않아? 이렇게 하는 건 시간 낭비, 돈 낭비야!" 라고 하셨어요.

그런데 유아는 신기하게도 연습은 안 하면서 무조건 레슨은 계속 받고 싶다고 하네요.

이렇게 하는 건 시간 낭비, 돈 낭비야!

다음에는 어떤 곡을 쳐볼래?

유아의 엄마는 "학원에 다닐 거라면 제대로 연습한다. 연습하지 않을 거면 레슨을 그만둔다. 어떻게 할 것인지 확실히 해!"라고 둘 중 하나를 선택하라고 했습니다.

그런데 유아가 "절대 그만두고 싶지 않다"고 하는 이유는 다른 데 있는지도 모릅니다. 친구와 공통의 화제가 있어서 좋다든지 또는 학교 음악 시간에 아는 게 나와서 뿌듯하다든지, '전자오르간을 잘 치게 된다'라는 목적 이외의 이유 말입니다.

학원은 특정 기술이나 지식을 배우기 위해서 다니는 곳이긴 하지만 그게 전부는 아닙니다. 저도 어린 시절을 떠올려보면 학원에서 다른 학교 친구들을 만날 수도 있었고, 좋아하는 선생님도 계셨기 때문에 레슨 이외에도 많은 것을 얻었던 것 같습니다.

어머니도 당분간은 유아의 의견을 존중해주고 지켜보는 것이 어떨까요? 그러면서 "다음은 어떤 곡을 쳐볼래?" 등 전자오르간을 배우는 것에 재미를 느낄 수 있는 요소를 함께 늘려나가면 좋을 것 같습니다.

# Case 11

## 사과하라고 재촉했더니
## 맹렬하게 화를 내기 시작했다

5살인 지우는 공원에서 친구와 잡기놀이를 하면서 놀고 있었어요.

지우가 술래가 됐을 때 친구의 신발이 벗겨져 버렸습니다. 친구는 멈춰서 신발을 제대로 신고 있었지요. 그런데 지우가 "잡았다!"하면서 터치를 해버렸습니다. 친구는 "치사하게 이러는 게 어디 있어?"라며 화를 냈고 금세 싸움으로 번졌습니다.

당황한 지우의 엄마가 달려왔습니다. 그리고 지우에게 "신발이 벗겨졌을 땐 친구를 기다려줘야지. 빨리 네가 미안하다고 사과해"라고 말했습니다. 그러자 "내가 왜요?"라며 지우가 마구 화를 내기 시작했습니다.

네가 미안하다고 사과해.

왜 그랬는지 이야기해줄래?

다른 엄마들의 보는 눈도 있고 일단 자기 아이에게 사과하게 해서 상황을 정리하려고 하는 경우가 있습니다.

하지만 잘 생각해보면 지우에게는 나름의 주장이 있는데 일방적으로 사과하라고 하는 것은 조금 난폭한 대응일 수도 있습니다.

어릴 때 아이들 사이에서 벌어진 싸움은 본인들이 해결하도록 하는 것이 가장 좋다고 생각합니다. 하지만 싸움이 점점 심해지면 어른의 중재가 필요하지요. 그럴 때는 만약 그 상황을 목격했다고 해도 "무슨 일이니? 이야기해줄 수 있어?"라고 묻고 양쪽의 이야기를 들어보세요.

아마 양쪽 다 "쟤가 나쁘다, 쟤 때문이다"라고 주장할 것입니다. 이때 어른은 "○○는 이렇게 하고 싶었구나, ○○는 이렇다고 생각한 거네" 등 서로의 주장을 정리해주세요. 이런 과정을 통해 아이는 '상대방에게도 할 말이 있다'라는 것을 이해하게 됩니다.

# 집에 빨리 가기 위해서
# 먼저 가버리는 시늉을 한다

Situation

잠깐만요!

그럼 엄마
먼저 간다!

퇴근 후 급하게 유치원으로 예준이를 데리러 가는 엄마. 어린 남동생 때문에 한시라도 빨리 집에 가고 싶은 엄마의 마음도 모른 채 예준이는 가방을 바닥에 던져버리고 유치원 운동장의 철봉을 향해 맹렬하게 돌진해버립니다. 엄마가 "그럼 딱 3번만이야!"라고 했지만 3번을 다 한 후에도 "싫어 더 할래!"라며 고집을 부리는 예준이.

엄마는 "그럼 엄마 먼저 간다!"라는 말을 던지고 뒤돌아서서 먼저 가는 시늉을 했어요. 그러자 예준이는 "잠깐만요!"라고 소리치며 울면서 따라옵니다.

그럼 엄마 먼저 간다!

20초 더 놀 수 있어.

집에 안 가고 놀겠다며 버티는 아이들 때문에 고전하는 어머니들의 사례는 너무나 많습니다.

하지만 먼저 집에 간다며 뒤돌아보지도 않고 가버리는 엄마의 등을 아이는 어떤 심경으로 보고 있을까요? 공포심? 의심? 어쨌든 이것은 적절한 대응이 아닙니다. 어쩌면 예준이는 처음 할 수 있게 된 거꾸로 오르기를 엄마에게 보여주고 싶었는지도 모릅니다. 아니면 오늘은 사정이 있어 친구와 마음껏 놀지 못했는지도 모르지요.

이럴 때는 시간을 정확하게 공유하면 서로에게 여유가 생길 수 있습니다. "10분만 놀고 집에 가자"라고 약속했다면 남은 시간을 보면서 "이제 20초 더 놀 수 있어"라고 남은 시간을 아이가 셀 수 있는 범위로 제시해주세요. 게임을 하는 것 같은 분위기가 되면서 평화롭게 집에 돌아왔다는 경험담이 많습니다. 정해진 시간 안에서 전력을 다해 노는 아이의 모습을 보면 흐뭇해지기도 합니다.

또한 엄마가 생각하는 '빨리'는 몇 분 정도인지도 생각해보세요. '30분은 곤란하지만 15분 정도라면 괜찮다'라고 구체적으로 파악해두면 무작정 "빨리!"라며 초조했던 마음에 약간의 여유가 생깁니다.

# 당신의 말습관 워크시트

**Q** 새로운 것에 도전할 것인가 고민할 때, 자신에게 어떤 말을 해주고 있는지 떠올려보세요.

**Q** 혹시 아이를 재촉할 때 사실은 악마의 말습관을 쓰고 있었구나라고 느꼈다면 어떤 말습관인가요?

**Q** 만약, 그 말습관을 천사의 말습관으로 바꾸려면 어떻게 말하면 될까요?

# 6장

못 하게 할 때의
악마의 말습관
천사의 말습관

## ❀ ❀ ❀
## 이유까지
## 알려준다

앞 장의 '재촉한다'와 마찬가지로 아이가 어릴 때는 "안 돼!"라고 못 하게 하는 말을 자주 사용합니다.

좌우를 제대로 보지 않고 길을 건너려고 하는 위험한 행동이나 가게에서 사지도 않을 상품을 마구 꺼내 놓는 것과 같은 민폐가 되는 행동은 강한 어조로 못 하게 하는 것이 맞겠지요.

하지만 못 하게 하는 이유를 부모가 설명하지 않고 "안 돼!"를 연발하면 아이는 왜 하면 안 되는지, 그 이유를 이해하지 못합니다. '엄마는 맨날 화만 내고' '뭔가 화난 것 같은데, 아 몰라'라고 받아들이게 되어서 행동은 전혀 변하지 않는 것입니다.

부모의 고민 중 상위권에 '계속 게임만 한다' '스마트폰만 만지작거린다'가 올라 있습니다. 하지만 "게임은 이제 그만해" "적당히 좀 해라"라고 반복해서 말해봤자 아이의 행동을 멈추게 할 수 없습니다.

그런 모습에 화가 나서 게임과 스마트폰을 강제로 뺏어버리면 아이도 감정이 상해 마음을 닫아버릴 것입니다.

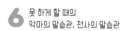

그러므로 아이가 어릴 때부터 어떤 행동을 막을 때 "안 돼"만 반복하지 말고 왜 안 되는지 이유까지 알려주세요.

또 지금 이 순간에만 주목하는 것이 아니라 "오늘은 게임을 30분 했으니 내일은 하지 말자" "스마트폰은 공부가 끝나면 사용하자"와 같이 가까운 미래를 포함해서 부모와 자식이 서로 대화를 나누는 것이 중요합니다.

'못 하게 한다'라는 것은 행동을 제한하는 것이지만, 우리는 아이가 상처받을까 지레 두려워하며 막을 때도 있습니다.

이전에 아들이 치과의사가 되고 싶다고 한 적이 있습니다. 저는 반사적으로 "치과의사는 진짜 힘든 일이야. 그건 하지 마"라고 말해버렸습니다. 제 마음대로 '치과의사는 힘든 직업'이라는 선입견을 갖고 제 생각대로 몰아붙이는 말을 했다는 것을 깨닫고 반성했습니다.

하지만 이것도 제가 코칭을 배우지 않았다면 알아채지 못했을 것이라고 긍정적으로 받아들였어요. 그리고 더욱 코칭을 깊이 공부해야겠다는 생각을 했답니다.

# 부모도 게임을 하기 때문에
# 아이를 못 하게 하는 게 어렵다

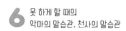

"대체 언제까지 할 거니?" "이제 게임 그만해"가 하루 엄마의 최근 말습관.

초등학교 5학년인 하루는 학교에서 돌아오면 저녁식사나 목욕할 때를 제외하고 계속 게임을 하려고 합니다.

하루의 아빠도 게임을 좋아하기 때문에 어느 사이에 아빠도 계속 스마트폰을 보고 있습니다. "하루가 따라 하니까 그만해요"라고 말해도 "응, 알았어. 조금만 더 하고"라며 게임을 계속하는 아빠.

하루에게 "아빠도 하시잖아요"라는 소리를 들은 엄마는 두 사람의 태도에 진절머리가 났습니다.

 이제 게임 그만해!

 지금 하는 건 무슨 게임이야?

게임에 관한 고민은 아이의 나이를 불문하고 많은 상담문의의 단골 소재입니다.

집에 있을 때는 계속 게임을 해서 아이와 대화를 할 수가 없다는 분도 많습니다. 화난 엄마가 게임기를 부숴버렸다는 이야기도 들었습니다.

게임에 대해서는 다양한 견해가 있지만, 중독성이 있기 때문에 하면 할수록 집착하는 경향이 있습니다. WHO는 '게임장애'를 국제질병분류에 추가하였습니다.

가정 내에서 규칙을 정하거나 타이머를 설정하는 등 다양한 대책을 세울 수 있지만, 그보다 먼저 아이가 게임에 어떤 매력을 느끼고 무엇이 그리 재미있다는 것인지 생각해볼 필요가 있습니다. 무조건 나쁘다고 단정하지 말고 "지금 하는 건 무슨 게임이야?" 등 아이가 빠져든 이유를 알고자 하는 것이 첫걸음이라는 생각이 듭니다.

아이가 빠져 있는 게임에 관심을 표시하면 공통의 화제가 생기고, "내일은 이런 것을 해볼 것이다" 등 대화가 확실히 늘기도 합니다. 이것은 아빠에 대해서도 마찬가지입니다.

일단 알려고 한다. 거기서부터 함께 생각한다. 이 스텝을 의식해보세요.

# 이유도 말하지 않고
# 안 된다고 한다

은우네 집의 교육방침은 물건을 소중하게 다루는 것입니다. 그래서 은우는 장난감 등을 새로 산 적이 거의 없어요.

요즘 아이들은 초등학교 고학년이 되면 대부분 스마트폰을 갖고 있습니다. 은우의 친구들도 거의 갖고 있어서 부러운 마음이 들었습니다. 그러던 어느 날, "나도 스마트폰 있으면 좋겠다"라고 혼잣말을 했는데, 그 소리를 들은 엄마가 단칼에 "우리 집은 안 돼"라고 말씀하셨습니다.

전부터 그랬지만 "안 돼"라는 말을 들으면 아무 말도 할 수가 없습니다.

 우리 집은 안 돼.

 맞아, 갖고 싶겠다.

'조금이라도 공감이나 동의의 자세를 보이면 OK 사인이 되어 버린다' '되돌릴 수 없게 된다'와 같이 생각하는 사람이 적지 않습니다. 은우의 엄마도 그랬던 것 같아요. 은우의 혼잣말에도 즉시 반응하고 제지하는 것을 보면 말이지요.

　엄마의 어린 시절을 생각해보세요. 스마트폰은 아니었지만 '저 친구가 갖고 있는 거 나도 갖고 싶다' '모두가 가지고 있으니까 나도 갖고 싶다'라는 생각을 한 적이 있지 않나요? 많은 분들이 그런 경험을 했을 것입니다. 그러니까 분명 요즘 아이들이 스마트폰을 갖고 싶어 하는 마음을 이해는 할 것입니다.

　부모가 "안 돼"라는 말을 연발하면 아이는 자신의 의견을 점점 말할 수 없게 됩니다. 그렇게 되지 않도록 우선은 "맞아, 갖고 싶겠다"라고 솔직한 이해를 표시해주세요.

　아직은 이르다고 생각하신다면 공감 후에 이유를 설명해주면 됩니다. 그리고 몇 살이 되면 또는 어떤 상황이 되면 가져도 괜찮다고 생각하는지, 우리 집안의 방침을 알아듣기 쉽게 알려주면서 함께 이야기를 나누는 것이 이상적입니다.

## Case 03

# 우스꽝스러운 행동을
# 고쳤으면 좋겠다

Situation

맨날 그렇게
말하더라.

창피하게
그런 짓 좀
하지 마.

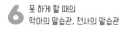

유이는 무척 활발한 6살 여자아이. 말투나 행동도 터프하고 항상 까불까불. 엄마의 불만은 '그래도 여자아이인데 좀 더 얌전하게 행동하면 좋겠다'입니다.

어느 날, 엄마가 사진을 찍어주려고 하는데 유이가 눈 흰자를 드러내며 웃긴 표정을 짓고 기묘한 포즈를 취했어요. 엄마의 입에서 "창피하게 그런 짓 좀 하지 마!"라는 말이 저절로 튀어나왔습니다. 기분이 상한 유이는 "엄마는 맨날 그렇게 말하더라"라며 말대답을 하네요.

창피하게 그런 짓 좀 하지 마.

너의 다른 모습도 보고 싶어.

저는 표정이 풍부한 개성 있는 아이들이 ― 그 웃긴 얼굴까지 포함해서 ― 너무 귀엽고 좋더라고요. 하지만 엄마는 유이가 좀 더 차분하게 행동하면 좋겠다고 생각하고 계신 것 같아요. 그래서 "창피하게 그런 짓 좀 하지 마" "너무 이상해 보여"가 엄마의 말습관이 되었습니다.

부모가 아이에게 하는 "창피해" "꼴불견이야" 등의 말은 일종의 책임 전가라고 할 수 있습니다. '엄마 자신이 아닌 주변 사람이 그렇게 생각한다'는 뉘앙스가 담겨 있어서 가벼운 마음으로 자꾸 쓰게 되기 때문입니다.

하지만 아이가 그런 말을 계속 듣게 되면 남 앞에 설 용기와 적극성을 잃게 되고 '나 같은 건…'이라고 침울해질 가능성이 있습니다.

지금은 다양성이 인정받는 시대입니다. 그러므로 모두 아이의 개성이라고 인식하고 '표정이 정말 다양하구나'라고 받아들여 주세요. 그런 다음에도 계속 신경 쓰인다면 "너의 다른 모습도 보고 싶어"라고 별도의 방향성을 제시하면 좋을 것 같습니다.

# Case 04

## 왜 못 하게 하는지
## 이유가 전달되지 않는다

초등학교 5학년인 서진이는 매일 밤 텔레비전 프로를 계속 봅니다. 엄마가 "숙제는 했어?"라고 물어도 "괜찮아요", "샤워는 했어?"라고 물어도 "좀 있다가요"라고 말할 뿐 돌아보지도 않습니다.

그렇게 빈둥대는 서진이의 모습을 보면서 짜증을 참던 엄마는 결국 리모컨을 뺏어서 텔레비전을 꺼버리고 "적당히 좀 해!"라고 큰소리를 냈습니다.

어안이 벙벙한 서진이. "아, 왜요~ 방금 재미있는 거 나왔는데"라며 불평을 하네요.

 제발 적당히 좀 해!

 오늘은 몇 시까지 볼 거야?

어쩌면 엄마는 서진이가 자신의 존재를 무시한다는 느낌이 들었던 것 같습니다. 아이가 엄마를 늘 필요로 하던 시기가 지나고 고학년이 되면 부모의 존재는 서서히 작아집니다. 몇 번을 말해도 엄마 쪽을 보지도 않고 대답도 대충. 서글퍼지기까지 하지요. 리모컨을 빼앗는 거친 행동은 '엄마한테 집중해!'라는 호소였다고 생각합니다.

하지만 단순히 그런 시기가 온 것일 뿐, 서진이에게 악의는 없습니다. 당장은 어렵겠지만 아이의 성장과 함께 변화를 받아들여야 합니다.

그렇다고 하더라도 해야 할 것을 뒤로 미루고 딴짓만 하는 아이를 보면 짜증이 나기 마련입니다. 이럴 때는 이전 단계, 예를 들면 서진이가 텔레비전 전원을 켰을 때 "오늘은 몇 시까지 볼 거야?"라고 확인해두세요. 그러면 큰소리를 낼 필요가 없습니다. 일방적인 강요가 아니라 대화를 통해 자신이 정한 규칙이라면 아이도 최대한 지키려고 하니까요.

# 울음을 그치게 하려고
# 겁을 준다

'주사 무서워~'

계속 울면
주사 맞으러
가야겠다!

유치원에 다니는 아윤이는 눈물이 많은 여자아이입니다. 한 번 울기 시작하면 좀처럼 울음을 그치지 않아요.

엄마가 여유가 있을 때는 울음을 그칠 때까지 참을성 있게 기다려줍니다. 하지만 그렇지 않을 땐 "계속 울면 주사 맞으러 가야겠다. 무지 아플텐데"라며 겁을 줍니다. 전에 주사가 아팠던 아윤이는 병원도 정말 싫어합니다. 주사 맞기는 싫으니까 어떻게든 눈물을 그치려고 해보지만 눈물이 멈추지 않는 것 같아요.

어느 날, 아윤이가 울고 있는 남동생에게 "너, 주사 맞으러 갈래?"라고 말하는 것을 보고 엄마는 깜짝 놀랐습니다.

계속 울면 주사 맞으러 가야겠다!

눈물이 멈추지 않는구나.

무엇을 해도 아이가 울음을 그치지 않았던 경험은 많은 부모들의 공통적인 경험일 것입니다.

우선 울음을 그치게 해야 한다는 생각을 포기하는 것에서 시작해보세요. 시간과 장소가 허락되면 울어도 괜찮습니다.

어른들도 아마 울고 나서 개운해졌던 경험이 있을 것입니다. 눈물을 흘리면 '휴식 신경'이라고 불리는 부교감 신경이 활성화되면서 수면과 동등한 정도의 편안함을 가져온다는 이야기가 있을 정도에요.

엄마가 아윤이의 울음을 그치게 하려고 사용한 말은 거의 협박에 가깝습니다. 효과는 크겠지만 아이를 위해서가 아니라 부모의 형편에 따라 컨트롤하려고 하는 것이니까요. 실제로 아윤이가 남동생에게 사용한 것처럼 '협박'의 말과 세트로 자신의 요구를 전달한 것일지도 모릅니다.

아이가 울거나 화를 낼 때는 감정이 무척 흥분되어 있어서 부모의 말이 귀에 들어오지 않습니다. 그런 아이를 진정시키려면 따뜻한 목소리로 "눈물이 멈추지 않는구나"라고 하면서 꼭 안아주세요. 그리고 함께 심호흡을 해보는 것도 서로를 안정시키는 하나의 방법입니다.

# 역효과가 나는
# 말을 해버렸다

어느 집이든 평일 아침은 정신없이 분주하기 마련입니다. 그런 아침에 6살인 시우가 무슨 일인지 큰소리로 울고 있습니다.

부모님도 시우가 왜 우는지 이유를 전혀 알 수 없었어요.

"대체 뭐가 싫은데?"

"엄만 우는 아이 진짜 싫어!"

"안 울고 씩씩한 아이를 좋아해."

엄마 아빠가 합세해서 울음을 그치게 하려고 해보지만 아무 효과도 없네요.

엄마는 우는 아이 진짜 싫어!

눈물이 그치면 우리 꼬옥 안고 있을까?

어쩌면 시우는 자기가 왜 울고 있는지 이미 잊어버렸는지도 모릅니다. 그래서 우는 이유가 뭐냐는 부모님의 질문에 제대로 대답할 수 없었을 거에요. 그런데 엄마의 "싫어"라는 말을 듣고 슬퍼진 것입니다.

이처럼 아이의 울음을 그치게 하려고 부모가 이런 저런 말을 하다가 상처주는 말을 해버리는 경우가 종종 있습니다. 이렇게 되면 우는 이유를 찾는 것은 의미가 없어져요.

아이의 울음을 그치게 하는 방법을 모르겠다면 "눈물이 그치면 우리 꼬옥 안고 있을까?"와 같이 울음이 그친 후의 상황을 상상할 수 있는 말을 걸어보세요.

부디 "계속 울면 안 안아 줄거야"라는 의미로 들리지 않도록 조심하세요. '눈물이 멈춘 후에 하고 싶은 것'이라는 뉘앙스로 전달되도록 말투와 타이밍을 고민해보세요.

# Case 07

# 아이는 진지하지만
# 부모는 이해할 수 없다

Situation

'나는
안 이상해요.'

너무 이상해.

4살인 하은이는 매일 아침 어린이집에 입고 갈 옷을 스스로 골라서 입습니다. 그런데 하은이의 코디는 엄마가 보기엔 정말 이상한 조합입니다.

겨울인데 반팔, 체크 셔츠에 줄무늬 바지, 왼쪽은 파랑에 오른쪽은 빨강 양말, 앞뒤를 바꿔서 입은 티셔츠….

이런 어색한 옷차림을 도저히 가만두고 볼 수 없었던 엄마는 시간과 씨름하면서도 "그건 너무 이상해"라며 다른 옷을 골라주었어요.

하지만 기분이 상한 하은이는 갈아입지 않겠다고 고집을 부립니다.

너무 이상해.

오늘도 멋지네!

하은이의 엄마는 모든 일을 완벽하게 해내는 분 같습니다. 아마 회사에서 업무를 할 때도 준비를 철저히 하고 완벽하게 진행하여 좋은 성과를 낼 것 같습니다. 그런데 그런 성격이 아이의 옷에도 적용이 되고 있는 건 아닐까요.

여기에서의 포인트는 '누구를 위한 옷인가?' 입니다. 옷을 입는 것은 하은이이고, 양말 색이 다르더라도 기능적으로는 아무런 지장이 없습니다. 그렇게 해서 하은이가 즐겁게 등원할 수 있다면 얼마나 좋은 아이디어인지요. 스스로 입고 싶은 옷을 선택할 정도이므로 뭔가 불편함이 있다면 알아서 바꿔 입거나 엄마에게 말할 것이 분명합니다.

엄마는 하은이의 패션을 함께 즐기면서 "오늘도 멋지네!"라고 말해주고, 기온과 맞지 않는 옷이면 긴소매를 유치원 가방에 넣어주는 등 필요한 대처를 해주면 됩니다.

"이상해"라고 단정 짓는 말을 계속하면 아이는 자신감을 잃고 엄마의 눈치를 살피게 될지도 모릅니다.

# 안전사고에 대한 걱정으로
# 도전을 막는다

도전 정신이 강한 6살 시윤이. 조금 위험해 보이는 것에도 도전하고 싶어합니다.

"엄마, 이거 해도 돼요?"

"엄마, 여기서 놀고 싶어요."

하고 싶은 것을 계속 말해보지만 조금이라도 위험해 보이면 "기다려 봐"라는 대답만 반복하는 엄마.

그러자 시윤이는 언제부터인가 하고 싶다는 말을 멈췄습니다. 이젠 계속 엄마의 안색을 살피면서 "엄마는 어떻게 하고 싶어요?" "엄마가 정해줘요"라며 소극적인 태도를 보입니다.

 기다려 봐~

 한번 해 봐, 언제든 도와줄게.

시윤이가 아픔이나 괴로움을 겪지 않게 해주고 싶어서 엄마는 계속 지켜주려고 했습니다. 아이의 '하고 싶은 마음' 보다 '안전한가, 그렇지 않은가?'가 신경 쓰여서 늘 "기다려 봐" "그건 안 돼"라는 말이 나왔던 것입니다.

자신이 어릴 때를 떠올려보세요. 크고 작은 여러 가지 상처를 겪으면서 자랐을 것입니다. 돌부리에 걸려 넘어져서 생긴 찰과상, 웅덩이에 빠져 삔 발목, 나무에서 떨어져 부러진 오른 팔.

물론 다친 경험이 직접 무언가에 도움이 되었던 것은 아닙니다. 하지만 그런 경험을 통해서 '여기까지는 해도 괜찮네' '생각보다 더 올라갈 수 있겠다'와 같이 자기 안에 다양한 기준이 만들어졌을 것입니다. 아이를 모든 위험에서 지켜주려는 것은 경험을 빼앗는 결과가 될 수 있습니다.

아이가 "해보고 싶다"라고 말할 때는 "한번 해 봐, 언제든 엄마가 도와줄게"라고 안심시켜주세요. 이러한 말은 선택의 자유와 최고의 응원을 동시에 전해줄 수 있어 아이가 몇 살이 되어도 쓸 수 있습니다.

# 제멋대로인 행동을
# 멈추게 하지 못 한다

수연 씨는 공공시설의 교실 하나를 빌려서 3살부터 초등학생까지의 아이를 대상으로 창작교실을 개설했습니다.

그런데 아이들은 수업이 시작하기도 전에 긴 철사로 전쟁놀이를 하기도 하고 점토로 공을 만들어 던지면서 놀고 수연 씨가 설명도 하기 전에 커터칼과 같은 위험한 도구에 손을 댑니다. 또 교실에 있지 않고 베란다로 나가거나 복도에서 마구 뛰어다니기도 합니다.

혹시 다치거나 다른 교실에 피해를 주지 않도록 "싸우지 마" "던지지 마" "만지지 마" "아무튼 안 돼!"라고 주의를 주지만 끝이 없습니다.

아무튼 안 돼!

어떻게 될 것 같아?

계속 주의만 준다면 창작교실이라고 할 수 있을까요?

어린 아이들이 모이면 도구를 위험한 방식으로 쓸 수도 있고,

규칙을 지키지 않거나 타인에 대한 배려와 매너가 부족한 상황이 자주 발생한다는 것을 전제조건으로 두고 아이들에게 어떻게 말을 해야 할까 생각해보세요.

그리고 일방적으로 금지하지 말고 "만약에 철사에 동생들이 찔리면 어떻게 될 것 같아?" "어머나, 점토로 그런 것도 만들 수 있구나"와 같이 아이들이 스스로 자기가 지금 하고 있는 행동에 대해 자각하도록 하는 게 좋습니다.

이때 기대치를 약간 낮게 설정해두는 것이 자신에게도 아이들에게도 마음의 여유로 이어집니다. 기대치를 너무 높게 잡으면 "여기가 안 돼 있어" "더 제대로!"와 같이 흠을 찾게 되기 쉽습니다. 처음부터 마음을 내려 놓으면 '충분히 잘했다'라고 보게 되어 필요 이상으로 못 하게 하거나 화내는 것을 막을 수 있습니다.

Case
10

# 아무 해결책도 없는
# 불만을 듣고 싶지 않다

Situation

'결국, 아무도
이해해주지 않는구나.'

그런 말은
하는 게 아니야.

유진은 염원하던 초등학교 교사가 되었지만 이상과 현실 사이에서 심신이 피로해져 휴직하고 잠시 부모님 댁에 돌아와 있어요.

유진의 입에서 나오는 것은 선배 교사나 동료에 대한 비판, 그리고 학부모들에 대한 불만뿐입니다. 때로는 "아무것도 하고 싶지 않다" "능력도 없다"와 같이 심각한 말도 합니다.

그 말을 계속 듣고 있는 어머니는 아무리 그래도 저렇게 비판과 불만만 늘어놓는 것이 걱정되었습니다. 그래서 "그런 말은 하는 게 아니야" "너에게 그런 말을 할 자격은 없어"라고 조금 강한 어조로 말했습니다.

그런 말은 하는 게 아니야.

그런 식으로도 생각할 수 있겠다.

독립했으며 게다가 염원했던 직업도 갖게 된 유진이 자기 직업에 대해 푸념하는 것은 그만큼 어머니를 신뢰하고 있다는 증

거라고 저는 느꼈습니다. 속마음을 말할 수 없는 부모와 자식 관계에서는 직업에 대한 푸념 같은 것은 좀처럼 하기 어려울 것입니다.

유진은 '이렇게 된 것은 내 탓이 아니다. 주변이 원인이다'라고 자신을 달래고 싶은 마음도 있었을 것입니다.

이제 어른이니까 마음의 정리는 어느 정도 스스로도 가능할 것입니다. 어머니가 이러쿵저러쿵 충고하며 행동을 바꿔 줄 필요는 없습니다.

우선은 유진의 기분이 가라앉을 때까지 조용히 맞장구를 치면서 그저 들어주는 것이 중요합니다.

그 다음에 "그렇게도 생각할 수 있겠다"와 같은 어머니 자신의 생각을 '나 전달법'으로 전달하세요. 푸념이나 부정적 사고는 좋지 않다는 주장도 있지만 억지로 긍정적인 생각으로 끌고 갈 필요는 없습니다. 길을 가르쳐주는 것이 아니라 스스로 길을 찾을 수 있도록 지켜봐 주세요.

# 만지지 않았으면 하는 물건을
# "더럽다"고 표현한다

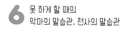

2살인 선우는 요즘 아장아장 걷기 시작했습니다. 항상 엄마 뒤를 졸졸 따라다니는 귀여운 시기입니다.

그것은 기쁘면서 동시에 힘든 일이었습니다. 좀처럼 집안일이 진척되지 않는 것입니다.

특히 신경이 쓰이는 것은 목욕탕 배수구 청소나 음식물쓰레기 처리, 화장실 청소를 할 때입니다.

선우가 가까이 와서 몸을 숙이며 만지려고 손을 자꾸 내밀기 때문에 엄마는 미간을 찌푸리면서 "더러워!"라고 연발하게 됩니다.

더러워!

궁금해?

아이는 호기심 덩어리. 엄마가 하는 일에 흥미를 느끼는 건 당연합니다. 결코 위험을 동반한 작업이 아니므로 강한 태도로 막지 말고 "궁금해? 배수구를 청소해서 깨끗하게 만들고 있는 거야"와 같이 "더럽다"가 아니라 "깨끗하다"라는 말을 사용해서 설명해주세요.

2살 아이는 손을 자주 입에 넣기 때문에 엄마는 그것도 신경이 쓰였을지 모릅니다. 하지만 동시에 아이의 더러워진 손을 씻기는 것이 귀찮게 느껴져서 절반은 자신을 위해서 못 하게 하는 면도 있지 않았을까요?

이럴 땐 과감하게 함께 해보는 것도 방법 중 하나입니다.

'한 번 하면 다음에 또 하겠다고 할지 모른다'고 불안해하는 엄마가 많지만, 의외로 한번 해보고 나면 만족하는 경우도 많습니다.

그리고 무엇보다 보는 것과 하는 것은 경험의 깊이가 완전히 다릅니다. 그러므로 집안일을 체험시키는 좋은 기회라고 생각하고 할 수 있는 범위에서 함께 해보는 것입니다. 하다 보면 재미를 발견할 수 있을 것입니다.

# 반사적으로 못 하게 했더니
# 아이가 기운을 잃었다

"엄마, 저도 고양이 키우고 싶어요!"

집에 오자 마자 초등학교 3학년인 서율이가 말했습니다.

그러자 엄마는 반사적으로 "우리집은 절대 안 돼. 말도 안 되는 소리 하지 마!"라고 대답해버렸어요. 엄마에게는 고양이를 키우고 싶지 않은 이유가 있거든요.

서율이는 아무 말도 하지 않고 그대로 자기 방에 들어가서 나오지 않네요.

저녁식사 시간에 엄마가 방까지 부르러 갔는데도 "오늘은 안 먹을래요"라며 기운 없이 대답합니다.

 절대 안 돼. 말도 안 되는 소리 하지 마!

 함께 생각해볼까?

이번에는 '함께'가 포인트입니다. 물론 동물을 집에서 키우는 것에 대한 최종결정권은 부모가 쥐고 있는 것이 사실입니다. 하지만 무조건 부정하는 것은 부모자식 간의 신뢰에 금이 가는 행위입니다.

'왜 기르고 싶은가?' '왜 기를 수 없는가?' '어떻게 하면 기를 수 있을까?' '다른 선택지는 없는가?'에 대해서 서로가 차분하게 의견을 나누는 기회를 만들어보세요.

제가 아들에게 자주 쓰는 방법은 "우리 아이디어 내기 놀이 할까?"라고 권유하는 것입니다. '아이디어'라는 말을 쓰면 조금 창의적인 기분이 듭니다. 게다가 자기가 낸 아이디어가 채택되면 순수하게 기쁜 것입니다. 또 남의 일이라고 생각했던 것이 아이디어를 내다 보면 자신의 일이 되어 여러 가지로 순조롭게 진행될 때도 많습니다.

"안 돼!"라는 말은 들었을 때 기분 좋은 말이 아닌데도 반사적으로 나오기 쉬운 말이므로 주의해야 합니다. "키우고 싶어요!"라고 말했을 때의 서율이의 표정은 무척 생동감이 넘쳤을 것입니다.

# 당신의 말습관 워크시트

**Q** 반드시 멈추고 싶은 것이 좀처럼 멈춰지지 않을 때 자신에게 어떤 말을 해주고 있는지 떠올려보세요.

**Q** 혹시 아이를 못 하게 막을 때 사실은 악마의 말습관을 쓰고 있었구나라고 느꼈다면 어떤 말습관인가요?

**Q** 만약, 그 말습관을 천사의 말습관으로 바꾸려면 어떻게 말하면 될까요?

**7**
장

아이에게
건네는 말로
부모의 자존감도
바뀐다!

# 높게 추측되기 쉬운
# 아이의 자존감

강연회에서는 제가 객석에 계신 분들에게 질문을 자주 합니다. 그중 하나는 "여러분의 자존감은 100점 만점에 몇 점입니까?"라는 것. 이어서 "그러면 자녀분의 자존감은 몇 점이라고 생각하세요?"라고 묻습니다. 그러면 매번 본인의 점수보다 아이의 점수가 높은 분들이 많습니다(자녀>부모).

이 결과를 통해 많은 부모님들이 '우리 아이는 나보다 자존감이 높다'고 생각하고 있는 것을 알 수 있습니다.

그렇지만 사실 이것은 부모님의 착각입니다. 왜냐하면 부모님과 아이의 자존감은 "＝" 관계이기 때문입니다.

자존감은 정신의학이나 심리학, 교육학 등 다양한 분야에서 연구가 진행되어 몇 가지로 정의되어 있습니다.

마더스 코칭스쿨의 티쳐트레이닝에서도 자존감을 자세히 다루는데 '있는 그대로의 자신을 긍정적으로 받아들이는 것'이라고 설명합니다. 단순하게 '자신에게 자신감을 갖고 있다'의 상태를 말하는 것이 아닙니다. '~를 할 수 있으니까' '~를 갖고 있

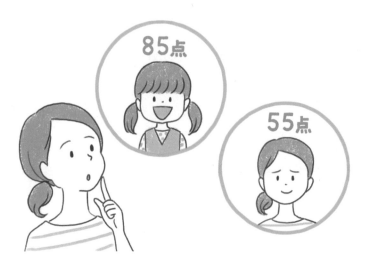

우리 아이는 나보다 자존감이 높다고 생각한다.

'으니까'라는 이유가 없어도 '나는 가치 있는 존재이다'라고 생각할 수 있는 것이 자존감입니다.

이러한 자존감이 어머니와 자녀 사이에 어떤 식으로 연관되어 있을까요?

자존감은 인간관계 속에서 길러집니다. 그러므로 아이에게 가장 가까운 존재인 어머니의 영향이 무척 큰 것입니다.

어머니의 자존감이 낮으면 "빨리빨리 좀 해" "아, 진짜!" "안 돼"라는 악마의 말습관이 자주 튀어나옵니다. 그러면 아이도 매사에 부정적인 쪽만 보게 되어 자존감이 낮아지는 것입니다.

최근에는 자존감이 '의욕'이나 '도전하는 힘', '커뮤니케이션 능력'과 '학력'에까지도 영향을 미친다고 보고되고 있습니다.

그래서 많은 어머니들이 '최소한 우리 아이만이라도 자존감이 높아지면 좋겠다'라고 바라고 있기 때문에 아이의 자존감을 자신도 모르게 높게 어림잡아 버리는 것입니다.

※ ※ ※

# 낮은 자존감이
# 등교 거부나 따돌림을 초래한다

"아들이 갑자기 학교에 가지 않겠다고 해서 깜짝 놀랐습니다." 아이의 등교 거부를 계기로 코칭을 배우기 시작한 아버지가 이렇게 말씀하셨습니다.

아들이 등교 거부를 하기 전까지 아이를 키우면서 어려움을 느낀 적이 한 번도 없었다고 합니다. 또 학교와 상담을 했지만 괴롭힘을 당한 것도 아니고 명확한 원인을 발견하지 못했습니다. 그래서 어떤 식으로 아이를 대해야 할지 모르겠다고 하셨어요.

문부과학성의 조사에 따르면 초등학교와 중학교의 전체 학생

수가 해마다 줄어들고 있음에도 불구하고 등교하지 않는 학생 수는 해마다 증가하고 있습니다.

이것과 관련되어 있다고 생각되는 것이 일본 아이들의 낮은 자존감입니다.

일본과 한국, 미국, 영국, 독일, 프랑스, 스웨덴의 아이들에게 '나는 나 자신에게 만족하고 있는가' 라는 설문조사를 실시했는데 '그렇게 생각한다' 라고 대답한 일본 아이들은 겨우 45.8%였습니다. 다른 나라들 보다도 훨씬 낮은 수치입니다.

왜 일본 아이들의 자존감이 이 정도로 낮아진 것일까요?

저는 그 배경에 부모가 아이의 자존감이 높다고 생각하고 자기도 모르게 '악마의 말습관'을 쓰고 있기 때문이라고 생각합니다.

"안 돼. 널 위해서 하는 소리니까 그냥 엄마 말대로 해."

"이번 시험은 98점이네. 딱 2점이 모자라는구나."

"형에 비하면 넌 아직 멀었어."

"바쁘니까 그런 이야기는 나중에 하자."


아이들에게 이런 말을 하고 있지 않나요?

아이의 이야기에 귀를 기울여주고 있나요?

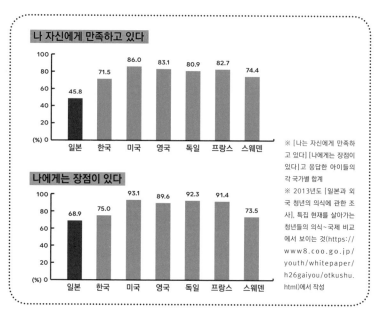

※ [나는 자신에게 만족하고 있다] [나에게는 장점이 있다]고 응답한 아이들의 각 국가별 합계

※ 2013년도 [일본과 외국 청년의 의식에 관한 조사], 특집 현재를 살아가는 청년들의 의식~국제 비교에서 보이는 것(https://www8.coo.go.jp/youth/whitepaper/h26gaiyou/otkushu.html)에서 작성

일본 아이들은 자존감이 낮습니다.

이런 '악마의 말습관'이 서서히 아이의 자존감을 좀먹다가 선을 넘었을 때 나타나는 결과 중 하나가 등교 거부라고 생각합니다. 물론 아이마다 배경이나 이유는 천차만별이겠지만 등교 거부는 '갑자기'가 아니라 '필연적'으로 생기는 것입니다.

또 등교 거부뿐 아니라 "우리 애가 반 친구를 괴롭혔다니 믿을 수가 없다" "아이가 몇 년 동안 집단 괴롭힘을 당했는데 이제야 알았다"와 같은 이야기도 자주 듣습니다.

## 자존감이 높은 사람의 특징

- 자신감이 넘치고 어떤 일이든 적극적으로 도전한다.

- 만약 실패해도 그 경험을 다음 도전에서 살릴 수 있기 때문에 계속 성장해 나갈 수 있다.

- 자신을 소중히 여기고 자기주장도 확실하게 하므로 주변 사람들과도 서로 배려하는 관계를 구축할 수 있다.

## 자존감이 낮은 사람의 특징

- 자신감이 없고 실패를 두려워하기 때문에 새로운 것에 좀처럼 도전하지 못한다.

- 극단적으로 다른 사람의 눈치를 본다.

- 자신을 억누르고 지나치게 참거나 상대의 말에 휘둘리기 때문에 인간관계를 잘 맺지 못한다.

- 새로운 일을 시작해서 조금 해보고 살짝 실패하는 것만으로 '나한테는 맞지 않는다'고 포기해 버린다.

자존감이 낮은 아이는 자기보다 약한 사람에게 공격적으로 대하거나 싫은 일을 당해도 "하지 마!"라고 말하지 못하는 경향이 있다고 합니다. 그래서 괴롭힘의 가해자와 피해자는 정반대의 상황이지만 모두 자존감과 관계가 있는 것입니다.

※ ※ ※

## 악마의 말습관을 멈췄더니 등교 거부가 해결됐다

나가사키현에 사는 야마사키 노리에 씨도 딸인 유메의 등교 거부를 코칭으로 극복한 분입니다.

중학교 1학년 때부터 딸의 등교 거부가 시작되었습니다. 야마자키 씨는 학교의 학부모회 회장을 역임할 정도로 교육에 열심이었던 분. 그런데 어느 날 아침, 유메가 "학교 안 갈래"라고 말했을 때는 '설마 우리 아이가…'라고 무척 놀랐습니다.

당황한 야마자키 씨는 다음날 유메와 함께 학교를 찾아가 담임 선생님과 학생주임 선생님을 만나 넷이서 면담을 했습니다. 이때 몇 가지 오해가 풀렸고 '어휴, 해결됐다'고 안심했지만 유메는 여전히 학교에 가려고 하지 않았습니다.

　그동안 야마자키 씨는 자녀교육에 관한 강연회 등에 많이 참석했습니다. 그 강연들에서 "아이를 억지로 학교에 보내려 하지 말라"고 했던 것이 기억났습니다. 그래서 유메에게는 "학교에 가고 싶지 않으면 안 가도 괜찮아. 조만간 갈 수 있게 될거야"라고 말하고 등교 거부에 대한 화제는 피하려고 했습니다.

　그러나 3개월이 지나도 유메의 상태는 바뀌지 않았어요. 그리고 대화도 점점 줄어들고 있었습니다. '이대로는 아무것도 해결되지 않겠다' 라고 위기감을 느낀 야마자키 씨는 마더스 코칭에 수강 신청을 했습니다. 처음에는 자신의 행동을 위한 것이었지만 결과적으로 등교 거부에 대해서도 큰 깨달음과 배움을 얻게 되었습니다.

　코칭을 배우는 중에 자신의 행동을 하나씩 되돌아보면서 깨달은 것이 있었습니다. 그것은 교육에는 열심이고 활동적이었지만 아이의 마음에 대해서는 생각할 기회가 너무나도 적었다는 것이었습니다.

　그날 밤, 야마자키 씨는 진심으로 유메에게 사과했습니다.

　그리고 "학교에 못 가서 제일 힘든 건 너였어. 엄마도 어떻게 하면 좋을지 모르지만 갈 수 있게 되면 그때 가면 된다고 생각해"라고 말해주었어요. 그러자 유메는 안심한 표정을 지었습니다.

야마자키 씨에게는 '몸이 아픈 것도 아닌데 학교를 쉬는 것은 나쁘다'라는 고정관념이 있었습니다. 그래서 유메의 등교 거부에 대해서 죄책감을 느끼면서 "오늘은 학교 어떻게 할 거야?"가 말습관이 되었던 것입니다.

그런 야마자키 씨의 고정관념이 코칭을 통해 깨지면서 유메도 '나는 밝은 등교 거부야'라고 생각하게 되었습니다. 이렇게 해서 오후에 보건실로 등교하거나 종례시간과 동아리 활동에만 참가하는 등, 할 수 있는 범위 내에서 등교를 반복했습니다.

한편 야마자키 씨는 코칭을 배운 이후부터 철저하게 '아무튼 지켜본다'를 실천하려고 했습니다. 물론 유메의 지나치게 자유로운 행동을 보면서 냉정함을 유지하기란 쉽지 않았습니다. 그러나 점점 그 상태에 익숙해지면서 더 이상 걱정하지 않게 되었습니다.

'밝은 등교 거부'라는 관점으로 유메는 할 수 있는 범위 내에서 중학교를 다녔고, 고등학교를 거쳐 지금은 대학교 1학년입니다.

등교를 거부했던 시절 이야기를 하던 중 유메가 "엄마가 진

중학교 시절에 등교 거부를 극복하고 고등학교와 대학교로 진학.

심으로 사과했을 때, '전에는 그토록 쎈 사람이었는데 이렇게 될 수도 있구나. 사람은 변할 수 있는 존재구나'라고 생각했어요. 그렇다면 나도 바뀔 수 있을지도 모른다는 생각이 들더라고요"라는 말을 했습니다.

학부모회 회장을 맡을 정도로 적극적인 엄마였던 야마자키 씨. 책임감이 강한 만큼 유메에게도 요구하는 것이 많았을 겁니다. "~해야만 한다"라는 악마의 말습관도 모르는 사이에 사용하고 있었겠지요.

초등학생까지는 유메도 엄마의 요구에 따를 수 있었을지 모르지만 중학생이 되면서 몸과 마음이 성장하고 자아가 싹트면서 자신의 잣대로 생각하게 된 것입니다. 그 때문에 엄마와 선생님 등 주변 어른들이 말하는 대로 '따라가지 못한다'는 마음을 갖게 된 것입니다.

야마자키씨가 단정 짓는 듯한 발언을 하지 않으려 의식하고 유메의 생각에 귀를 기울였기 때문에 자존감이 서서히 자라기 시작했습니다. 그리고 그것이 대학 진학의 원동력이 되었을 것입니다.

❀ ❀ ❀

## '무엇이 정답인지 알 수 없는 시대'를 살아갈 힘을 기르자

현대는 저출생과 고령화가 급속히 진행되고 있을 뿐만 아니라 신종 감염병의 세계적인 유행과 지진, 태풍 등의 자연재해로 우리를 둘러싼 환경이 변화하고 있습니다.

그리고 교육도 변화하고 있습니다. 지금까지는 정답을 달달

외우는 주입식 교육이었지만 이제 '독해력'이나 '창의성'과 같은 능력을 키우는 것이 요구되고 있습니다.

그런 변화에 당황해서 '이 아이의 장래는 어떻게 되는 것일까' '괜찮을까'라고 걱정하는 부모가 적지 않습니다. 그중에는 '걱정하는 것이 부모의 사랑'이라고 생각하는 사람도 있는 것 같아요.

하지만 아이가 걱정된다고 부모가 이것저것 참견하다 보면 아이가 스스로 자기 일을 결정하지 못하게 됩니다. 그 결과, 자식을 불행하게 만들 가능성이 높아지는 것입니다.

고베대학과 도시샤대학의 그룹이 '소득과 학력보다 자기결정력이 행복지수를 올린다'라는 연구결과를 발표했습니다.

2만 명을 대상으로 한 조사로, 진학과 취업 등에서 스스로의 판단으로 자기가 갈 길을 선택해온 사람은 행복도가 높은 경향을 보인 것입니다.

고학력은 더 이상 행복하게 살기 위한 조건이 아닙니다.

동시에 저를 포함한 부모들의 어린 시절과는 달리 지금은 직업 현장에서도 독해력이나 창의성이 요구되고 있습니다.

그러므로 아이가 행복한 인생을 살아가길 바란다면 부모의 단정이나 선입견으로 아이의 선택지를 뺏지 않을 것, 그리고 무엇이 정답인지 알 수 없는 시대를 꿋꿋하게 살아가기 위해서 아이가 스스로 생각하는 힘을 키우는 것이 중요합니다.

이것이 코칭의 사고방식입니다.

미래가 어떤 시대가 되든지 아이들이 스스로의 판단으로 나아갈 길을 선택하며 강인하게 살아갈 수 있도록, 그리고 주위 사람들과 신뢰 관계를 맺을 수 있도록 커뮤니케이션 능력을 키우는 것이 중요합니다. 이 커뮤니케이션 능력이 독해력과 창의성으로도 발전해나가는 것입니다.

❀ ❀ ❀

## 중요한 것은 시간보다
## 양질의 관계

2018년에 총무성이 발표한 조사결과에 따르면 자녀가 있는 맞벌이 가구의 비율은 48.8%였습니다.

또 독립행정법인 노동정책연구·연수기구의 데이터에 따르면 맞벌이 가구는 해마다 증가하고 있으며 1990년대에는 전업주부 가구 수를 앞질렀고, 2017년에는 전업주부 가구의 2배에 가까운

수를 기록하고 있습니다.

이러한 조사결과에서 알 수 있듯이 지금 육아를 하고 있는 엄마의 대부분이 일을 하고 있습니다. 물론 아버지도 집안일을 분담하고 있겠지만 어머니가 부담하는 비율이 높은 것이 현실입니다.

그래서 '아이와의 시간을 충분히 갖지 못한다' '회사 일도 육아도 어중간하게 하고 있는 것 같다'와 같은 자책감이나 '너무 힘들어서 더 이상 아무 것도 하고 싶지 않다'라는 피로감을 토로하는 엄마들이 적지 않습니다. 이런 것들이 엄마의 자존감을 낮추는 원인으로 생각됩니다.

이 책에서 소개한 '악마의 말습관'은 그런 엄마들의 낮은 자존감에서 나올 때가 많고, 그 말로 인해 자존감이 더욱더 낮아지도록 작용하고 있습니다. 엄마가 한 말은 당연히 엄마 자신의 귀에도 들리므로 "하니까 되잖아" "제대로 해" "힘내" "빨리빨리 좀 해" "안 돼"라고 아이뿐 아니라 무의식 중 엄마 자신도 그 말에 좌우되는 것입니다. 말하자면 '자존감 저하의 악순환'입니다.

이 악순환의 고리를 끊기 위해서는 '악마의 말습관'을 알아차리는 것이 매우 중요합니다.

커뮤니케이션은 일상의 작은 언행의 축적이므로 아무리 '천

천사의 말습관으로 부모와 아이 모두 건강해집니다.

사의 말습관'을 의식적으로 사용하고 있다고 해도 '악마의 말습
관'을 줄이지 않으면 의미가 없습니다.

　회사 일이나 가사로 바쁘기 때문에 육아에 느긋하게 시간을
낼 수 없는 것도, 날마다 지쳐버리는 것도 모두 인정하고 받아들
여야 합니다. 이것에 죄책감을 갖지 말고　짧은 시간 속에서도 어
떻게 하면 아이와 양질의 관계를 맺을 수 있을지 생각해보세요.

　따져보면 아이와 함께 지낼 수 있는 시간은 그리 길지 않습니
다. 너무나 귀중한 시간이므로 부모와 자녀가 웃는 얼굴로 지낼

수 있도록 '천사의 말습관'을 사용하면 좋겠습니다. 그러다 보면 아이뿐 아니라 엄마의 자존감도 높아질 것입니다. 그 정도로 말의 힘은 큽니다.

## ✾ ✾ ✾
## 끝으로

촬영 카메라 앞에서 원고를 읽고 많은 사람에게 목소리로 정보를 전달하는 아나운서였던 제가 육아를 계기로 말하는 법을 전하는 코칭의 세계에 들어온 것은 지금 돌아보면 불가사의한 느낌이 듭니다.

더 과거로 거슬러 올라가면, 저는 후쿠이 현에 있는 작은 서점의 딸로 태어나 어린 시절을 보냈습니다. 어릴 때부터 책에 둘러싸여 자라며 '책은 읽는 것'이라 생각했던 제가 설마 제 책을 출간하게 될 줄은 꿈에도 생각지 못했습니다.

그것도 서점을 자주 지켜주셨던 돌아가신 할머니의 생신 달에 출간이 되었답니다.

이렇게 생각지도 못했던 일들이 겹치면 뭔가 필연으로 생각하게 됩니다.

제게 출판의 계기를 만들어주신 마더스 코칭스쿨 대표인 바바 케이스케 씨, 사무국의 나가미네 유키 씨, 전국의 마더스 티쳐 여러분, 정말 감사합니다.

저와 동료들은 '동네에 한 명씩 마더스 티쳐'를 미션으로 많은 어머니들의 육아가 보다 즐거워질 수 있도록 커뮤니케이션하기 위해 노력하고 있습니다.

이 책을 계기로 마더스 코칭스쿨의 문을 열어주신다면 기쁘겠습니다.

그리고 제가 서점 딸이라 드리는 말씀이기도 하지만, 많은 분들이 서점에 들러 다양한 책을 접하다 보면 어휘력이 발달하여 커뮤니케이션이 더욱 풍부해질 것입니다.

자신의 평소 커뮤니케이션 습관을 잠시 멈춰 서서 되돌아보고 계속 고쳐가면 인생이 바뀝니다.

조금 과장일지도 모르지만 코칭을 통해 경험한 기쁨을 이 책에 모두 담았습니다.

끝까지 읽어주셔서 감사합니다.

2020년 8월

시라사키 아유미

아이의 자존감을 키우는 천사의 말습관

펴낸날 | 2022년 12월 30일
지은이 | 시라사키 아유미
옮긴이 | 김수정
펴낸곳 | 윌스타일
펴낸이 | 김화수
출판등록 | 제2019-000052호
전화 | 02-725-9597
팩스 | 02-725-0312
이메일 | willcompanybook@naver.com
ISBN | 979-11-85676-71-5    13590

* 잘못된 책은 구입하신 곳에서 바꿔드립니다.